# NICOLAI STENONIS
# DE SOLIDO
## INTRA SOLIDVM NATVRALITER CONTENTO
## DISSERTATIONIS PRODROMVS.

*AD*

*SERENISSIMVM*

# FERDINANDVM II.
## MAGNVM ETRVRIÆ DVCEM.

FLORENTIÆ

Ex Typographia ſub ſigno STELLÆ MDCLXIX.
*SVPERIORVM PERMISSV.*

# SERENISSIME
# MAGNE DVX.

IGNOTAS regiones adeuntibus frequenter euenit, dum per loca continuis montibus aſpera feſtinant ad vrbem in vertice eorum ſitam, vt ſimul viſam, ſimul proximam ſibi arbitrentur, licet multiplices viarum ambages ad tędium vſque ſpem illorum morentur. Sola enim proxima cacumina proſpiciunt, quæ verò eorumdem cacuminum obiectu occultantur, ſiue edita collium, ſiue profunda vallium, ſiue camporum plana, coniecturas eorum vt plurimum ſuperant, cum ſibimet ipſis abblandiendo, locorum interualla ex deſiderio metiantur. Nec aliter ſe res habet cum illis, qui ad veram rerum cognitionem per experimenta incedunt; ſimul ac enim veritatis incognitæ indicia quædam illis apparuerint, rem totam extemplò detectum iri opinantur: nec vnquam ritè inire poterunt rationem temporis, quod requiritur ad reſoluendam colligatam illam ſeriem difficultatum, quæ ſenſim, & quaſi ex occulto prodeundo, nouis ſemper obiectis impedimentis, ad finem properantes retardant. Communes quaſdam, & vulgo notas difficultates principium laboris dumtaxat oſtendit; quæ verò his includuntur, tum falſa euertenda, tum vera ſtabilienda, tum elucidanda obſcura, tum incognita producenda, raro quiſpiam detexerit, antequam inueſtigationis filum eò illum duxerit. Nec malè putei exemplo vtebatur Democritus, vbi hauriendi laborem, & tempus vix quiſquam ritè emenſus fuerit, niſi exhauriendo; cum venarum latentium, & numerus, & amplitudo materiæ affluentis copiam dubiam relinquat. Ne mireris itaque SERENISSIME PRINCEPS, ſi integro anno, & quod excedit, ſingulis tantùm non diebus fini proximam dixerim illam inueſtigationem, cui Canis Carchariæ dentes occaſionem præbuerant. Viſis enim ſemel, iterumque terris, vnde teſtæ, & id generis alia maris excrementa eruuntur, cum deprehenderem, eſſe illas terras turbidi maris ſedimenta, & poſſe ſingulis in locis numerum iniri, quoties mare ibi turbidum fuerit, illico totum ſcrutinium breuiſſimi temporis laborem

eſſe,

esse, non solùm mihi fingebam præproperè, sed alijs insuper intrepidè asserebam. Indè verò, dum singula, & loca, & corpora attentiùs peruestigo, ea in dies dubia mihi suboriuntur nexu indissolubili se inuicem excipientia, vt sæpiùs, quasi ad carceres reductum me viderim, quando metæ proximum me credebam. Hydræ Lernæę capitibus similia illa dubia dixerim, quandoquidem, vno eorum extincto, innumera alia subnascerentur; saltem in labyrintho quodam me oberrare deprehendi, vbi, quò propiùs quis accesserit ad exitum, eò ampliores gyros ingreditur.

Sed huic meæ tarditati excusandæ non immorabor, cum tibi longo rerum vsu abundè constet, quam intricata res sit, quæ experimentorum nexibus implicatur: quod verò, post superatam magnam dicti laboris partem, cum in Anatomicis aliquid tentandum esset, interruptis omnibus, in Patriam redeundi veniam rogem, id demum excusatione indigeret, nisi scirem in subiectis alteri Principi eam tibi obedientiam non displicituram, quæ simili occasione in tibi subditis tibi placeret. Quam de tua facilitate spem meam, certiorem reddit singularis illa beneuolentia, qua, studiorum meorum incrementis liberale subsidium addicendo, integram mihi relictam volueris discedendi libertatem, quotiescunque ita iusserit occasio. Cum itaque cœptis laboribus perficiendis necessariam moram expectare ampliùs non ausim, in persoluendis meis promissis, id agam, quod aere alieno oppignoratis in frequenti more positum est; illi, ne foro cedere teneantur, cum non habeant, quae soluant, soluunt ea, quae habent; & ego, quandoquidem, quae exhibenda tibi essent, omnia exequi nequeam, ne verba dedisse videar, eorum, quae exequutus sum, praecipua exhibebo.

Distulissem, haud inuitus, omnia, donec in Patriam reuerso singula perficere licuisset, nisi eamdem ibi fortunam expectarem, quam vbique hactenus expertus sum, dum primis laboribus perficiendis noui semper obstiterint labores. Glandulis totius corporis enumerandis intentum mira cordis fabrica in sui scrutinium abripiebat; coeptos de corde conatus Meorum mortes interrumpebant. Ne musculis minutim describendis inhaererem, prodigiosae magnitudinis Canem tua Maria nobis obtulerunt; iamque totum deditum praesentibus experimentis ad alia inuitat, cuius nutui obedire lex Naturae iubet, magna in me, Meosque promerita hortantur. Quo fine haec omnia eueniant, nolo anxiè inquirere, forsitan mihi attribuerem, quae superiori causae debentur: si inuentis non meis longa meditatio quasi de meo aliquid addidisset, certè vni inuento excolendo si inhaesissem diutius, reliquis reperiendis ipse mihi aditum praeclusissem. Nescius itaque, quae alia experimenta studiaque alibi me maneant, optimum

mum factu ratus sum *de solido intra solidum naturaliter incluso.* ea hìc exponere, quæ, pro acceptis beneficijs, grati animi mei pignus tibi erunt, & otio suo ex voto fruentibus alijs occasionem prębebunt, Physicæs, & Geographiæ studia maiori cum fructu excolendi.

Quod solidi intra solidum naturaliter inclusi productionem attinet, primò dissertationis methodum breuiter delineabo, inde, quę rariora ibi occurrunt succinctè enarraturus.

Ipsam dissertationem in quatuor partes diuiseram, quarum prima, proæmij vicem gerens, demonstrat, de rebus marinis procul à mari repertis, quęstionem esse antiquam, amænam, & vtilem, sed veram eius solutionem primis temporibus minus dubiam, proximis seculis oppidò incertam redditam fuisse. Inde expositis rationibus cur ab Antiquorum opinione recesserint Posteriores, cur hactenus à nemine ex integro decisa lis fuerit, etiamsi plurima à multis optimè scripta legantur, ad te tandem reuersus, post alia plurima tuis auspicijs partim nouiter reperta, partim ab antiquis dubijs liberata, etiam hoc tibi ostendo deberi, quod huic quæstioni vltimam manum breuì esse imponendam speremus.

Secunda parte resoluitur problema vniuersale, vnde singularum difficultatum enodatio dependet, quod est; *dato corpore certa figura prædito, & iuxta leges Naturæ producto, in ipso corpore argumenta inue-*

*nire*

*nire, locum, & modum productionis detegentia*. Hic, antequam problematis resolutionem euoluendam aggrediar, omnia eius verba eo sensu exponere allaboro, vt nulli Sectæ Phylosophorum dubium quid in illis, & controuersum relinquatur.

Tertiam partem destinaui singulis solidis solido inclusis examinandis, iuxta leges in problematis resolutione inuentas.

Quarta pars diuersos status Etruriȩ demonstrat historicis, & rerum naturalium Scriptoribus intactos, modumque diluuij vniuersalis proponit, motuum naturalium legibus non repugnantem.

Et hæc quidem Italico idiomate extendere cȩperam, tum quod tibi ita placere intelligerem, tum quo pateret illustri Academiæ, quæ suorum me numero adscripsit, me vt minimè dignum tali honore, ita maximè auidum esse testandi conatus, quibus in aliquam Etruscæ linguæ cognitionem peruenire allaboro. Nec ægrè fero impositam mihi necessitatem differendi eamdem scriptionem: vt enim instans iter mihi promittit cumulatiorem notitiam rerum quæstioni illustrandæ inseruientium; sic temporis mora feliciores in linguæ studio progressus mihi pollicetur.

Quod attinet ad ipsas res prædicta methodo expositas, longum foret obseruationes omnes cum deductis indè conclusionibus transcribere; quo circa, modò conclusiones, modò obseruationes referam, pro vt commodiùs visum fuerit, ad res prȩcipuas

cipuas breuiter, & quantùm licuerit dilucidè indicandas.

Quod in resolutione quæstionum naturalium dubia pleraque non modo indecisa maneant, sed vt plurimum, pro Scriptorum numero augeantur, à duabus præcipuè causis dependere mihi videtur.

Prima est, quod pauci omnes illas difficultates excutiendas sibi sumant, absque quarum resolutione ipsius quæstionis resolutio mutila, & imperfecta relinquitur. Euidens eius rei exemplum est præsens quæstio; Antiquos vnica tantùm exercebat difficultas; nempe quomodo res marinæ in locis a mari remotis derelictæ fuerint, nec vnquam in quæstionem veniebat, an aliundè quàm è mari oriunda fuissent similia corpora. Recentioribus seculis parciùs vrgebatur Antiquorum difficultas, cum omnes ferè circa ortum prædictorum corporum indagandum occuparentur; qui mari illa adscribebant, id agebant, vt ostenderent non potuisse id generis corpora aliter esse producta; qui terris illa attribuebant, negabant potuisse mare illa loca tegere, & toti in eo erant, vt Naturæ parùm cognitæ vires laudarent aptas rebus quibuslibet producendis; & licet tertia opinio sic satis recepta sit, qua pars dictorum corporum terræ pars mari accepta refertur; attamen ferè vbique de Antiquorum dubio altum silentium est, nisi quod quidam, inundationes, & nescio quam immemorabilem annorum seriem nominent,

minent, ſed obiter tantùm, & quaſi aliud agendo. Vt itaque analyſeos legibus pro viribus ſatisfacerem, toties inueſtigationis huius telam texui, & retexui, & partes eius ſingulas perquiſiui, donec nullam ampliùs in lectione Authorum, nec in Amicorum obiectionibus, nec in locorum inſpectione reliquam viderim difficultatem, quam vel non reſoluerim, vel ſaltem quouſq; ex hactenus mihi cognitis reſolui potuerit determinauerim. Prima quæſtio erat, an Gloſſopetræ Melitenſes Canum Marinorum olim dentes fuerint, quam illicò eamdem eſſe patuit cum quæſtione generali, an marinis corporibus ſimilia corpora, quę procul à mari reperiuntur in mari olim producta fuerint; cum verò in terris etiam reperiantur alia corpora illis ſimilia, quæ in aquis dulcibus, aere, alijſque fluidis creſcunt, ſi damus terræ vim producendi hæc corpora, non poſſumus detrahere illi facultatem reliqua generandi; oportuit itaque quæſtionem extendere ad omnia illa corpora, quę è terris eruta, ſimilia deprehenduntur illis corporibus, quæ, alia in fluido creſcere videmus, ſed & multa alia in ſaxis reperiuntur certa figura prędita, quæ ſi quis loci vi producta dixerit, eadem vi producta reliqua omnia admittat neceſſe eſt, adeoque eò tandem deductam rem vidi, vt quodlibet ſolidum ſolido naturaliter incluſum examinandum eſſet, an, quo loco reperitur in eodem productum fuerit, id eſt, examinandam eſſe natu-

ram,

ram, tum loci vbi reperitur, tum loci, in quo productum eſt, at verò locum productionis nemo facilè determinauerit, qui productionis modum ignorat, & de productionis modo vana eſt omnis diſſertatio, niſi de materiæ natura certam quamdam cognitionem habuerimus; vnde patet, quot reſoluendæ ſint quæſtiones, vt vnicæ quæſtioni fiat ſatis.

Secunda cauſa, dubiorum nutrix, ea mihi eſſe videtur, quod in rerum naturalium examine non diſtinguantur illa, quę determinari certò nequeunt ab illis, quæ certò determinari poſſunt: vnde fit, vt ad duas claſſes redigantur pręcipuę ſectæ Phyloſophorum, quidam enim religioni ſibi ducerent, etiam ipſis demonſtrationibus fidem adhibere, veriti ne idem illis error ſubſit, quem in alijs aſſertionibus frequenter detexerunt; alij contra nullo modo paterentur ſe reſtringi ad ea ſola pro certis habenda, quibus nemo ſanæ mentis, & ſanorum ſenſuum fidem denegare poterit, rati omnia illa vera eſſe, quæ ipſis pulchra, & ingenioſa viſa fuerint. Quin ipſi experientiæ patroni rarò eam moderationem tenuerint, quin vel omnia etiam certiſſima Naturæ principia reijcerent, vel à ſe inuenta principia pro demonſtratis haberent. Vt itaque, & hunc ſcopulum euitarẽ, quod de morum pręceptis Seneca ſæpiùs inculcat, in Phyſicis ſummoperè vrgendum iudicaui; ea ille morum præcepta optima eſſe ait, quæ communia ſunt , quæ publica , quæ omnes ex omni domo conclamant Peripatetici, Academici, Stoici, Cynici , & ſanè non poterunt non optima eſſe illa Naturæ principia, quæ communia ſunt , quæ publica , quæ omnes ex omni ſchola admittere tenentur, tum nouitatis in omni re auidi, tum priſcorum dogmatum ſtudioſi.

Non determino itaque , vtrum corporis naturalis particulę, quà figuram, mutari, an non mutari poſſint; vtrum dentur, an non dentur exigua ſpatia vacua; ſit ne in iſtis particulis, pręter extenſionem, & duritiem, aliud aliquid nobis incognitum , non enim publicę hę voces ſunt , & debile argumentum eſt , quo nego eſſe aliud quid in re quadam , quòd ego aliud quid ibi non obſeruo.

At verò abſque hæſitatione aſſero.

1. Eſſe corpus naturale congeriem particularum inſenſibilium peruiam operationibus emanantibus à magnete , igne , interdum etiam luce, quocumque demum modo, ſiue inter particulas , ſiue in ipſis particulis, ſiue vtrobiq; meatus aperti reperiantur.

2. In eo differre ſolidum a fluido , quod in fluido particulę inſenſibiles in perpetuo motu ſint, & ab inuicem recedant, in ſolido verò, licet particulę inſenſibiles moueantur, interdum vix tamen vnquam ab inuicem recedant, quamdiu ſolidum illud ſolidum, & integrum perſiſtit.

3. Dum

3. Dum producitur corpus ſolidum, particulas eius de loco in locum moueri.

4. Hactenus in Natura materię nihil cognitum nobis eſſe, cuius ope motus principium, & motus perceptio explicentur, determinationem verò motuum naturalium a tribus cauſis mutari poſſe.

1. A motu fluidi omnia corpora permeantis: & quæ hoc modo producuntur naturaliter produci dicimus.

2. A motu animalium: & quæ hoc modo ab homine fiunt eorum multa artificialia dicuntur.

3. A prima, & incognita cauſa motus: & in illis, quæ hoc modo fiunt, Diuini quid ineſſe etiam ipſi Pagani crediderunt. Certè denegare huic cauſæ vim producendi effectus ſolito Naturæ curſui contrarios, idem eſt, ac denegare homini vim mutandi curſus fluuiorum; velis contra ventos eluctandi; accendendi ignem in locis, vbi, abſque eo, nunquam accenderetur; extinguendi lumen, quod aliàs non niſi ceſſante materia euaneſceret; alterius plantæ ſurculum, alterius plantæ ramo inſerendi; inferendi menſis media Hyeme æſtiuos fructus; in ipſis ardoribus æſtatis glaciem producendi, & mille alia id generis ſolitis Naturæ legibus repugnantia. Si enim ipſi, qui & noſtram, & aliorum corporum fabricam ignoramus, immutamus in dies motuum naturalium determinationem, quid ni eorumdem determinationem immutare poterit, qui noſtram, totamque rerum

omnium fabricam non modò nouit, sed produxit? Velle autem in rebus arte factis hominis liberè agentis ingenium mirari, & rebus Naturæ productis Motorem liberum denegare, ea demum magna in subtilitate simplicitas esse mihi videretur, cum homo, vbi artificiosissima quæque prestiterit, nec quid egerit, nec quo organo vsus fuerit, nec quid sit causa illa dictum organum mouens, nisi per nebulam prospiciat.

Hęc ego singula in ipsa Dissertatione fusiùs expono experimentis simul, & rationibus demonstrata, quò pateat neminem Phylosophorum esse, quin vel idem dicat, licet non semper ijsdem verbis, vel si diuersa dixerit, ea tamen admittat vnde hæc necessariò sequuntur. Quæ enim de materia asserui, vbique locum habent, siue quis pro materia habuerit atomos, siue particulas mille modis mutabiles, siue quatuor elementa, siue principia chymica quamtumlibet pro chymicorum varietate varia statuantur; sed & quę de motus determinatione proposui omni mouenti conueniunt, siue mouentem dixeris formam, aut à forma emanantes qualitates, siue Ideam, siue materiam subtilem communem, siue materiam subtilem propriam, siue animam particularem, siue animam Mundi, siue immediatum concursum Dei.

Secundùm eadem explico varios illos loquendi modos vsu communi receptos, quibus diuer-

sam

ſam diuerſorum interdum, & eorumdem corporum productionem diuersè explicamus; quicquid enim ad corporis alicuius productionem aliquid confert, id agit vel vt locus, vel vt materia, vel vt mouens: hinc dum ſimile ſibi ſimile producit, illi, & locum, & materiam, & motum productionis confert, vt plantula ſemini alicuius plantæ incluſa, ab alia planta habuit, & materiam in qua producta eſt, & materiam ex qua producta eſt, & particularum motum quo delineata eſt, quod idem de animalibus ouo ſimilium animalium incluſis certum eſt.

Dum forma particularis, vel anima producit aliquid, motus particularum in productione illius corporis determinatur à mouente quodam particulari, ſiue is fuerit mouens alterius ſimilis corporis, ſiue huic mouenti ſimile quid aliud.

Quæ dicuntur a Sole produci, motum particularum ſuarum a Solis radijs habent, pari ratione atque illa, quę influentijs aſtrorum adſcribuntur, ab aſtris habere poterunt particularum ſuarum motum; cum enim certum ſit à luce ſyderum moueri oculos noſtros, extra controuerſiam itidem erit reliquam partem materiæ itidem ab illis poſſe moueri.

Quæ terra producit, aliud a terra non habent, quam locum in quo producuntur, & materiam per loci poros ipſis ſubminiſtratam.

Quæ Natura producuntur motum particularum ſuarum

ſuarum habent à motu fluidi penetrantis, ſiue a Sole id fluidum veniat, ſiue ab igne terreſtri materia contento, ſiue ab alia quacunque cauſa nobis incognita, vt animæ inſtrumento &c.

Qui itaque productionem alicuius rei Naturæ adſcribit, mouentem generalem nominat in omnium productione occurrentem; qui Solem ad partes vocat, aliquantò magis determinat eumdem mouentem; qui animam, vel formam particularem nominat, reliquis magis determinatam cauſam affert; at verò omnium reſponſa ritè perpendenti nil non ignotum occurrit, quandoquidem Natura, Solis radij, anima, & forma particularis, res ſint ſolo nomine notæ. Cum verò in productione corporum, præter mouentem, etiam materia, & locus conſiderari debeant, hinc patet non modò reſponſionem eſſe ipſo quæſito ignotiorem, ſed & omninò imperfectam, quando in terris reperta conchilia a Natura producta eſſe dicuntur, cum etiam illa, quæ in mari creſcunt Naturæ opus ſint; omnia quidem Natura producit, quandoquidem in rerum omnium productione fluidum penetrans locum habeat; ſed & iure quis dixerit Naturam nihil producere, cum fluidum illud per ſe nihil efficiat, à materia mouenda, & loco determinationem expectans exemplo nobis homo eſt, quidlibet ille præſtat, ſi neceſſaria omnia adfuerint, & illis abſentibus nihil vnquam præſtiterit.

Qui

Qui productionem alicuius rei terræ adſcribit, locum quidem nominat, ſed cum rebus omnibus terreſtribus locum ſaltem ex parte terra tribuat, ſolus verò locus productionem corporis non abſoluat, de terra idem quod de Natura dici poterit, ſcilicet quæ in terra fiunt, omnia à terra produci, & eorum quæ in terra fiunt nullum à terra produci.

Eadem illa pauca ſuperiùs expoſita ſufficiunt reſoluendis dubijs omnibus propoſitæ quæſtionis, quæ tribus ſequentibus propoſitionibus hìc comprehendere volui.

## I.

SI corpus ſolidum alio corpore ſolido vndiquè ambitur, illud ex ijs primò induruit, quod in mutuo contactu ſua ſuperficie alterius ſuperficiei proprietates exprimit. Hinc ſequitur;

1. In illis, ſiue terris, ſiue ſaxis, quæ vndique circumdant, & continent cryſtallos, ſelenitides, marcaſitas, plantas, eorumque partes, oſſa, & teſtas animalium, idque generis alia corpora, leui ſuperficie prædita, iam tum induruiſſe eadem illa corpora, quo tempore terrarum ſaxorumque illa continentium materia etiam num fluida erat; adeoque tantùm abeſſe, vt illæ terræ, vel ſaxa produxerint contenta in illis corpora, vt ne quidem

dem extiterint ibi, quo tempore eadem corpora ibi producta fuerunt.

2. Si cryſtallus cryſtallo, ſelenites ſelenitidi, marcaſita marcaſitæ quadam ſui parte includitur, iam tum induruiſſe contenta illa corpora, quando corporum continentium pars etiam num fluida erat.

3. In illis terris, & ſaxis, quibus teſtæ cryſtallinæ, & lapideæ, venæ marmoris, lapidis lazuli, argenti, mercurij, antimonij, cinnabaris, æris, aliorumque id generis mineralium continentur, continentia corpora iam tum induruiſſe, quo tempore contentorum corporum materia, etiam num fluida erat, adeoque marcaſitas primò productas eſſe, inde lapides quibus includuntur marcaſitæ, tandem venas mineralium, quæ lapidum fiſſuras replent.

## II.

SI corpus ſolidum alij corpori ſolido, non modò quà ſuperficiei conditiones, ſed etiam quà intrinſecam partium particularumque ordinationem, per omnia ſimile fuerit, etiam quà modum, & locum productionis illi ſimile erit; ſi illas loci conditiones exceperis, quæ ſæpiùs in loco aliquo reperiuntur productioni corporis nullum nec vſum, nec incommodum præſtantes. Vnde ſequitur.

1. Terræ

1. Terræ ſtrata, quà locum, & modum productionis, conuenire cum illis ſtratis, quæ aqua turbida deponit.

2. Cryſtallos montium, quà modum locumque productionis, conuenire cum cryſtallis nitri; licet non ideo neceſſarium ſit, aqueum fuerit illud fluidum, in quo illæ productæ ſunt.

3. Corpora illa, quæ è terris eruuntur, plantarum, animaliumque partibus per omnia ſimilia, eodem modo, & loco, producta eſſe, quo modo, & loco productæ ſunt ipſæ plantarum, & animalium partes. Ne verò incerta loci interpretatio noua dubia pariat, iſti difficultati occurram.

Loci nomine intelligo illam materiam, quę ſua ſuperficie immediatè tangit ſuperficiem corporis, quod in illo loco eſſe dicitur: varias autem differentias eadem materia admittit, namque;

1. Vel tota ſolida eſt, vel tota fluida, vel ex parte ſolida, ex parte fluida.

2. Vel tota per ſe ſenſibilis, vel ex parte ſenſibilis per ſe, ex parte ſenſibilis per operationes.

3. Vel tota contigua corpori, quod in ſe continet, vel parte etiam eidem corpori continua.

4. Vel ſemper eadem eſt, vel ſenſim mutatur; ſic locus in quo producitur planta, eſt illa ſimilis plantæ materia, intra quam plantula delineatur; ſic locus, in quo creſcit planta, eſt tota illa materia, quę ſua ſuperficie immediatè contingit totam ſuperficiem plantę, compoſita interdum ex terra &

 aere;

aere; interdum ex terra & aqua; interdum ex terra, aqua, & aere; interdum ex solo lapide, & aere, quo modo in subterraneis locis sæpiùs vidi plantularum radices totas superficiei tophi adhærentes nullo omninò puluere tectas; sic locus, vbi delapso flore, crescit malum aureum, est partìm continuus illi pedunculus, partìm contiguus eidem aer; sic locus, vbi prima incrementa animalis fiunt, est partìm contigua illi aqua amnij, partìm continua vasa vmbilicaria per chorion diffusa.

## III.

SI corpus solidum secundum Naturę leges productum est, è fluido productum est.

In productione corporis solidi, tum prima eius lineamenta, tum incrementa consideranda essent; ego verò, vt lubens profiteor, plerorumque delineationem, non modò dubiam mihi esse, sed omninò incognitam; sic absque omni dubitatione de incrementis eorum sequentia fere omnia vera esse existimo.

Crescit corpus dum particulis eius nouę apponuntur particulæ ab externo fluido secretæ; fit autem appositio hęc, vel a fluido externò immediatè, vel mediante fluido interno, vno, vel pluribus.

Quæ ab externo fluido immediatè apponuntur solido,

ſolido, in quibuſdam propriò pondere verſus fundum delabuntur, vt in ſedimentis; in alijs a fluido penetrante ſolidi verſus ſolidum determinatè, vel vndique apponuntur ſolido, vt in incruſtationibus; vel certis dumtaxat ſuperficiei ſolidæ locis, vt in illis corporibus, quæ fila, ramos, & angulata corpora exhibent. Hìc obiter notandum dictos modos interdum continuari, donec totum aliquod ſpatium illis impleatur, vndè repletiones oriuntur, quæ modò ſimplices ſunt, modò è cruſtis, modò è ſedimentis, modò ex angulatis corporibus, modò ex varijs variè inter ſe mixtis componuntur.

Quæ particulæ mediante interno fluido apponuntur ſolido, vel fibrarum figuram aſſumunt (dum partìm in longitudinem extenſæ fibrillę diductis poris apponuntur, partìm in fibrillarum interſtitijs in nouæ fibrillæ figuram à permeante fluido diſponuntur) vel ſimplices repletiones conſtituunt, quibus duobus generibus partium plantæ, & animalia componuntur. In plantarum anatome minùs verſatus, ſint ne ibi plura fluida interna non determino; in animalibus certum eſt, eſſe ibi fluida interna diuerſa, quæ in certum ordinem redigere conabor.

Præter fluidum ſubtile omnia permeans, ad minimum tria genera fluidorum in animalibus obſeruamus, quorum primum eſt externum; alterum internum, & commune; tertium internum ſingulis partibus proprium. Fluidi externi voce illud in animalibus intelligo, quod non ſolùm expoſitam oculis noſtris ſuperficiem atmoſphęræ inſtar ambit, ſed etiam illud quod contingit corporis ſuperficies reliquas omnes dictę ſuperficiei per maiora foramina continuas; vt ſunt, tota ſuperficies aſperæ arteriæ, quam reſpiratione attractus aer contingit; tota ſuperficies viæ alimenti, quo nomine os, eſophagum, ventriculum, & inteſtina intelligo; tota ſuperficies veſicæ, & vretræ; tota ſuperficies, quæ cum vtero, ſaltem pubertatis annis, communicat; tota ſuperficies omnium vaſorum excretoriorum à capillaribus vſque ad oſtia continuando, quæ in aures, palpebras, nares, oculos, viam alimentorum, veſicam, vretram, vterum, & cutim ſua contenta excernunt, quarum particularis recenſio oſtenderet, verè extrinſeca eſſe multa, quæ communiter intrinſeca, imo intima iudicantur, adeoque:

1. Intra corpus noſtrum generatos vermes, & calculos, pleroſque in externo fluido productos eſſe.

2. Multas partes quibuſdam animalibus neceſſarias eſſe, quod ibi ſint, non quod ſine illis animal eſſe non poſſit.

Fluidum, quod has ſuperficies contingit, externum appello, quod cum fluido ambiente communicet per canales abſque intermedijs capillaribus vaſis, ideſt abſque cribratione: quo fit vt li-

cet

cet cauitates dicta fluida continentes interdum claudantur, quotiescunque tamen aperiuntur, omnes retenti fluidi partes excernunt sine discrimine.

Fluidum internum illud appello, quod cum fluido externo non communicat, nisi per intermedia capillarium vasorum cribra, adeoque nunquam partes suas omnes naturaliter in externo fluido transfundit sine discrimine.

Fluidum internum commune est, quod continetur venis, arterijs, & limphaticis vasis, saltem ijs, quæ inter conglobatas glandulas, & venas intercipiuntur. Commune hoc fluidum appello, quia versus omnes partes corporis distribuitur. De altero fluido communi, quod substantia neruosa continetur, vtpotè minùs cognito, nihil determino.

Fluidum internum proprium illud est, quod fluidi communis capillaribus vasis circumfunditur & pro diuersitate locorum diuersum est; aliud enim est in parenchimatis sanguineis, aliud in parenchimatis non sanguineis, aliud circa fibras motrices, aliud in capsula oui, aliud in substantia vteri, aliud in alijs locis, nec enim rationi, aut experientiæ respondet illa opinio, qua in minimam quamlibet particulam corporis venarum, & arteriarum extrema desinere creditur ad calorem, & nutrimentum eò distribuendum, sed vbique cauitates sunt, in quas secretæ à sanguine partes fluido

fluido iſtius loci miſcentur, inde partibus ſolidis apponendæ, pariter ac in eaſdem cauitates relabuntur à ſolidis partibus detritæ particulæ ſanguini de nouo reſtituendæ, quò illius ope ad fluidum externum reuehantur; harum cauitatum fluidum magni Hipocratis doctrinæ de flatibus in multis conſonum eſt, licet determinare nequeam, quarè in diuerſis locis ex eodem ſanguine diuerſa fluida excernantur; ſpero tamen ad illud determinandum pauca reſtare, quandoquidem certum ſit à ſanguine illud non dependere, ſed ab ipſis locis, quorum conſideratio his tribus includitur.

1. Conſideratione capillarium vaſorum fluidi interni communis, in qua ſola occupantur, qui cribrationi per diuerſos poros omnia adſcribunt, è quorum numero & ego aliquamdiu extiti.

2. Conſideratione fluidi interni proprij, circa quam ſolam verſantur, qui cuilibet parti peculiare fermentum attribuunt; quorum opinio ex parte vera eſſe poterit, licet fermenti nomen comparationi innitatur deſumpta à re nimis peculiari.

3. Conſideratione ſolidi ſingularum partium, circa quam præcipuè hærere videntur, qui, ſuam cuilibet parti formam attribuendo, indicant ſe agnoſcere ibi aliquid parti proprium, nobis autem incognitum, id, quod ſecundum illam materiæ cognitionem, quam hactenus habemus, aliud eſſe nequit, quam poroſa iſtius ſolidi ſuperficies,

&

& fluidum ſubtile illos poros permeans. Extra oleas nimiùm euagarer, ſi prædicta applicarem illis explicandis, quæ in corpore noſtro in dies contingunt, nec aliter explicari poterunt: ſuffecerit hic innuiſſe, quod ab externo fluido varijs modis ſecedentes particulæ in fluidum internum commune, intercedente cribratione feruntur, vndè itidem varijs modis ſecretæ, & in fluida interna propria per nouam cribrationem tranſmiſſæ, partibus ſolidis apponuntur, vel fibrarum, vel parenchimatum modo; pro vt determinatæ fuerint ab incognita nobis partis cuiuslibet proprietate in trium prædictarum rerum conſideratione incluſa.

Quod ſi itaque libuerit ſolida ſolidis naturaliter incluſa prædicta methodo in certas claſſes redigere, erunt eorum quædam producta per appoſitionem ab externo fluido, quæ referuntur; vel ad ſedimenta, vt ſtrata terræ; vel ad incruſtationes, vt achates, onijx, calcedonius, ætites, lapis bezoar &c. vel ad fila, vt amiantus, alumen plumoſum, varia genera filorum, quæ in fiſſuris lapidum deprehendi; vel ad ramos, vt illæ plantarum figuræ, quæ in rimis lapidum conſpiciuntur, nec niſi ſuperficiales ſunt; certæ ramificationes in achate quodam à me viſo, quorum trunci innitebantur ſuperficiei exterioris lamellæ, rami verò per ſubſtantiam lamellæ interioris diffundebantur; vel ad angulata corpora, vt cryſtalli mon-

tium,

tium, angulata corpora ferri, & æris, vbi marcasitæ, adamantes, ametisti &c. vel ad repletiones, vt omnis generis variegata marmora, granita, dentiotides, conchilia lapidea, crystallina, plantæ metallicæ, & id generis plurima corpora consumptorum corporum loca implentia.

Alia producta sunt per appositionem à fluido interno, quæ referuntur, vel ad simplices repletiones, vt pinguedo, callus rupta ossa vniens, cartilaginosa substantia dissectos tendines connectens, affusiones viscerum substantiam præcipuè constituentes, medulla tum in plantis, tum in animalibus; vel ad partes fibrosas, vt sunt fibrosæ partes plantarum, in animalibus verò fibræ neruosæ, & fibræ motrices, quæ omnia corpora solida sunt, & solidis vtplurimùm naturaliter includuntur.

Quod si itaque omne solidum è fluido saltem incrementa habuit, si corpora sibi inuicem omninò similia, simili etiam modo producta sunt, si è duobus solidis sibi inuicem contiguis illud primò induruit, quod alterius superficiei proprietates sua superficie repręsentat, facile erit dato solido, & loco, in quo est, de loco productionis illius certum quid pronunciare. Et hæc quidem generalis consideratio est *solidi intra solidum contenti*.

Pergo ad specialiùs examinanda illa è terris eruta solida, quæ plurimis controuersijs occasionem dederunt, pręcipuè incrustationes, sedimenta, angulata

gulata corpora, testę animalium marinorum, conchyliorum, & plantarum figuræ. Ad incrustationes pertinent omnis generis lapides compositi è lamellis, quarum duę superficies parallelę quidem sunt, sed non in idem planum extensę. Locus vbi fiunt incrustationes est totum confinium fluidi, & solidi, quo fit vt lamellarum, seu crustarum figura, figuræ loci respondeat, & facilè determinari possit, quæ nam earum prima, quæ vltima concreuerit; si enim concauus fuerit locus, primò formatæ sunt crustæ exteriores; si conuexus, interiores; si varijs eminentijs maioribus inęqualis fuerit locus, vbi angustiora spatia lamellis primò factis repleta fuerunt, in spatijs largioribus nouæ lamellæ productę sunt; vnde facilè est omnes figuræ varietates explicare, quæ in sectionibus similium lapidum conspiciuntur, siue venas rotundas transuersìm dissectæ arboris repræsentant, siue sinuosos serpentum flexus imitantur, siue alio modo sine lege inflexæ feruntur. Nec mirum est, achates, aliasque incrustationum species videri, quà superficiem exteriorem, saxi ignobilis instar asperos, quandoquidem loci asperitatem externæ lamellæ superficies exterior imitetur; in torrentibus autem id generis incrustationes sæpius extra locum productionis reperiuntur, quod stratorum ruptura materia loci disiecta fuerit.

De modo, quo à fluido secernuntur crustarum

particulæ ſolido apponendæ, id ſaltem certum eſt.

1. Leuitati, vel grauitati nullum ibi locum eſſe.

2. Omnis generis ſuperficiebus apponi dictas particulas, quandoquidem ſuperficies leues, aſperæ, planæ, incuruatæ, ex pluribus planis variè inclinatis compoſitæ cruſtis obductæ reperiantur.

3. Fluidi motum nullum illis impedimentum afferre.

Cætera ſit ne conſideranda ſubſtantia è ſolido effluens, diuerſa ab illa ſubſtantia, quæ fluidi partes agitat, an aliud aliquid inueſtigandum, in medio relinquo.

Varietates lamellarum in eodem loco deduci poterunt, vel à diuerſitate particularum, quę ſucceſſiuè à fluido ſecedunt, pro vt ſenſim magis, magiſque idem fluidum reſoluitur, vel à diuerſis fluidis diuerſo tempore eò delatis: quò fit vt idem ordo lamellarum in eodem loco interdum repetatur, & ſæpiùs manifeſta veſtigia extent nouę materiæ ingreſſum indicantia. Omnis autem lamellarum materia videtur eſſe ſubtilior è lapidibus exhalans ſubſtantia, vt pluribus in ſequentibus patebit.

*Strata terræ.* Ad ſedimenta fluidi terræ ſtrata pertinent.

1. Quod puluerulenta materia ſtratorum non aliter in illam figuram redigi potuerit, niſi, fluido cuidam immixta, & proprio pondere indè excidens

cidens eiusdem superincumbentis fluidi motu explanata fuisset.

2. Quod ijsdem stratis contenta maiora corpora vt plurimum grauitatis leges obseruent, tum quò ad situm cuiuslibet corporis per se, tum quo ad situm variorum corporum inter se.

3. Quod puluerulenta materia stratorum ita se accomodauerit contentis corporibus, vt tum minimas quasque cauitates contenti corporis impleuerit, tum læuorem nitoremque eiusdem corporis expresserit illa sui superficie, quã illud tangit, licet pulueris asperitas simili læuori, & nitori minimè respondeat.

Fiunt autem sedimenta, dum contenta in fluido proprio pondere ad fundum delabuntur, siue aliundè eò delata fuerint dicta contenta, siue ab ipsis fluidi particulis sensim fuerint secreta, idque vel in superficie superiori, vel æqualiter ab omnibus fluidi particulis. Licèt crustas inter, & sedimenta, magna affinitas intercedat, facile tamen dignoscuntur, quod crustarum superior superficies inferiori superficiei, vt vt varijs eminentijs maioribus asperæ, parallela sit, sedimentorum verò superior superficies horizonti parallela sit, aut parùm admodum inde declinans. Sic in fluuijs crustæ minerales, modò virides, modò flauæ, modò rubescentes, fundi saxosi inæqualitatem non tollunt, arenarum verò, aut argillæ sedimentum omnia plana reddit: quo fit, vt in varijs terræ

D 2 stratis

ſtratis compoſitis, cruſtas à ſedimentis facilè diſtinxerim.

Circa materiam ſtratorum ſequentia determinari poterunt.

1. Si in ſtrato ſaxeo particulæ omnes eiuſdem naturæ, & quidem ſubtiles extiterint, nulla ratione negari poterit, quin idem ſtratum creationis tempore productum fuerit è fluido omnia tunc temporis obuoluente; quo modo etiam Carteſius ſtratorum terræ productionem explicat.

2. Si in ſtrato quodam alterius ſtrati fragmenta, aut animalium, plantarumque partes reperiantur, certum eſt, non eſſe illud ſtratis accenſendum quæ creationis tempore à primo fluido ſubſederunt.

3. Si in ſtrato quodam ſalis marini indicia, animalium marinorum ſpolia, nauium tabulas, & fundo maris ſimilem ſubſtantiam obſeruauerimus, certum eſt, eò loci aliquando mare extitiſſe, quocunque demum modo ſiue propria exundatione, ſiue montium eructatione eò peruenerit.

4. Si in ſtrato quodam iunci, graminis, conorum pini, truncorum ramorum, ſimiliumque magnam copiam deprehendimus, ſiue ſuſpicamur, fluminis exundatione, vel torrentis illapſu eò abreptam fuiſſe dictam materiam.

5. Si in ſtrato quodam carbones, cineres, pumices, bitumen, & calcinata corpora extiterint, in vicinia fluidi incendium extitiſſe certum eſt, idq;

eò

eò magis, ſi integrum ſtratum ſolo cinere, & carbone componatur: quale extra vrbem Romam vidi, quo loco laterum coctilium materia effoditur.

6. Si in eodem loco omnium ſtratorum materia eadem fuerit, certum eſt fluidum illud non excepiſſe diuerſæ naturæ fluida è diuerſis locis confluentia.

7. Si in eodem loco diuerſa ſtratorum materia fuerit, vel diuerſo tempore è diuerſis locis diuerſi generis fluida eò confluxerunt (ſiue varietas ventorum, ſiue pluuiarum in certis locis impetuoſior prolapſus in cauſa fuerint) vel in eodem ſedimento diuerſæ grauitatis materia fuit, ita vt grauiora primò, mox leuiora fundum petierint; cui varietati viciſſitudo tempeſtatum occaſionem præbere potuerit, præcipuè in locis, vbi ſolorum æqualis inæqualitas conſpicitur.

8. Si inter ſtrata terræ quædam ſaxea ſtrata reperiuntur, certum eſt vel extitiſſe in vicinia iſtius loci fontem aquarum petrificantium, vel contigiſſe interdum halituum ſubterraneorum eruptiones, vel à depoſito ſedimento recedens fluidum, vbi ſuperior cruſta calore Solis induruerit, iterum rediiſſe.

De loco ſtratorum ſequentia certis annumerari poterunt.

1. Quo tempore formabatur quodlibet ſtratum, fuit ſub eodem ſtrato aliud corpus, quod materiæ pulueruIentæ vlteriorem deſcenſum impediebat,

pediebat, adeoque quo tempore formabatur ſtratorum infimum, fuit ſub eo, vel corpus aliud ſolidum, vel ſi quod fluidum ibi extiterit, fuit illud tum diuerſæ naturæ à fluido ſuperiori, tum grauius ſolido ſedimento fluidi ſuperioris.

2. Quo tempore formabatur vnum è ſtratis ſuperioribus, ſtratum inferius iam tum ſolidam conſiſtentiam acquiſiuerat.

3. Quo tempore formabatur ſtratum quodlibet, vel alio corpore ſolido à lateribus cinctum fuit, vel totum terrę globum obduxit. Hinc ſequitur quocumque in loco ſtratorum nuda latera conſpiciuntur, vel eorumdem ſtratorum continuationem quærendam eſſe, vel inueniendum eſſe aliud corpus ſolidum, quod materiam ſtratorum retinuit, ne difflueret.

4. Quo tempore formabatur quodlibet ſtratum, materiam illi ſuperincumbens totam fluidam fuiſſe, adeoque, quo tempore infimum ſtratum formabatur nullum è ſuperioribus ſtratis extitiſſe.

Quod figuram ſpectat, certum eſt, quo tempore formabatur ſtratum quodlibet, ſuperficiem eius inferiorem, vt & laterum eius ſuperficies, inferioris corporis, & corporum lateralium ſuperficiebus reſpondiſſe, ſuperiorem verò ſuperficiem horizonti, quantum maximè licuerit, parallelam extitiſſe; adeoque ſtrata omnia præter infimum, duobus planis horizonti parallelis contineri.

Hinc

Hinc ſequitur, ſtrata, vel perpendicularia ad horizontem, vel ad illum inclinata, alio tempore horizonti parallela extitiſſe.

Nec aduerſatur dictis mutatus ſtratorum ſitus, & nuda eorumdem latera, prout multis in locis hodie conſpiciuntur: quandoquidem manifeſta indicia ignium, & aquarum in vicinia eorumdem locorum extent. Vt enim aqua terream materiam diſſoluens ad loca decliuia eamdem deuehit, tum in ſuperficie terræ, tum in terræ cauitatibus, ſic ignis obſtantia quæuis ſolida reſoluens, non modò leuiores eius particulas expellit, ſed grauiſſima interdum pondera eiaculatur, quò fit vt in ſuperficie terræ præcipitia, canales, & aluei, in terræ autem viſceribus, meatus ſubterranei, & cauernæ formantur, quarum occaſione ſtrata terræ ſitum mutare poterunt duobus modis.

Primus modus eſt, ſtratorum violenta in altum excuſſio, ſiue eam producat præceps incendium halituum ſubterraneorum, ſiue idem efficiat violenta aeris eliſio propter ingentes alias in vicinia ruinas. Hanc ſtratorum excuſſionem ſequitur materiæ terreę in puluerem diſperſio, materiæ verò ſaxeę diffractio in lapillos, & rudera.

Poſterior modus eſt, ſpontaneus ſtratorum ſuperiorum delapſus, ſeu ruina, quando ſubducta materia inferiori, ſeu fundamento, ſuperiora rimas agere cęperint; vndè pro cauitatum, & rimarum varietate varius diffractorum ſtratorum ſitus

ſequitur,

ſequitur, dum quædam horizonti parallela manent, alia ad illum perpendicularia fiunt, pleraque obliquos angulos cum ea conſtituunt, nonnulla in arcus inflectuntur, materia eorum tenaci exiſtente: & hæc mutatio contingere poterit, vel in omnibus ſtratis cauitati imminentibus, vel in quibuſdam ſtratis inferioribus, relictis integris ſuperioribus ſtratis.

Mutatus ſtratorum ſitus, variarum rerum ſic ſatis difficilium facilem explicationem reddit.

Hinc ratio reddi poſſet inęqualitatis illius, quę in terræ ſuperficie multis controuerſijs occaſionem præbet, vt ſunt montes, valles, aquarum ſuperiorum receptacula, planities, tum in locis editis, tum in depreſſis; ſed vt reliqua taceam, de montibus quædam hic percurram.

*Montium origo.* Quod mutatus ſtratorum ſitus pręcipua montium origo ſit, inde patet, quod in qualibet congerie montium conſpiciantur.

1. Ingentia plana in quorundam vertice.

2. Multa ſtrata horizonti parallela.

3. Ab eorumdem lateribus ſtrata varia variè ad horizontem inclinata.

4. In oppoſitis collium lateribus ruptorum ſtratorum facies, materiæ & figuræ omnimodam conuenientiam demonſtrantes.

5. Nudi ſtratorum limbi.

6. Ad radices eiuſdem congeriei diſruptorum ſtratorum fragmenta, partim in colles congeſta,

partim

partim per vicinos agros diſperſa.

7. Vel in ipſis montibus ſaxeis, vel in eorumdem vicinia, euidentiſſima ignis ſubterranei indicia; quemadmodum, circa colles è ſtratis terreis compoſitos, aquæ frequentes reperiuntur. Et hic obiter notandum, colles qui è ſtratis terreis componuntur, vt plurimum pro fundamento habere ſtratorum ſaxeorum maiora fragmenta, quę multis in locis tuentur impoſita ſibi terrea ſtrata, ne à vicinorum fluminum, & torrentium alluuie reſoluantur; imò integras ſæpè regiones aduerſus Oceani ſęuitiem defendunt, quod obſtenſa Braſilię tenia, & vbique obuia ſcopuloſa littora teſtantur.

Poſſunt & aliter montes produci, vt egeſtione ignium, cineres, & ſaxa cum ſulphure, atque bitumine eructantium; nec non pluuiarum, & torrentium impetu; quo ſtrata ſaxea caloris, & frigoris viciſſitudinibus iam tum fixa in præceps deuoluuntur; ſtrata verò terrea, magnis ardoribus rimas agentia, in varias partes reſoluuntur: vndè patet duo eſſe ſumma genera montium, colliumque; primum, eorum, quod è ſtratis componitur, quorum binæ ſpecies ſunt, dum in quibuſdam ſtrata ſaxea, in alijs terrea ſtrata abundant; alterum genus, eorum eſt, qui ex ſtratorum fragmentis, & abraſis partibus confusè, & nullo ordine exſurgunt. Facilè hinc oſtendi poſſet.

1. Montes omnes hodiernos non extitiſſe à principio rerum.



2. Nul-

2. Nullam esse montium vegetationem.

3. Saxa montium cum ossibus animalium prę- ter quamdam duritiei similitudinem nihil com- mune habere, cum inter se nec materia, nec mo- do productionis, nec fabrica, nec vsu conueniant; si aliàs de re adeò parùm cognita, vt sunt rerum vsus, quicquam pronuntiare liceret.

4. Coronas montium, vel catenas, pro vt lo- qui amant nonnulli, secundum certas terrę pla- gas directas, nec rationi, nec experientiæ re- spondere.

5. Posse euerti montes, transferri agros ex vno latere in alterum per mediam viam publi- cam; eleuari, & deprimi cacumina montium; aperiri terras, iterumque claudi; & id generis alia contingere, quæ in historiarum lectione pro fabulis habent, qui creduli nomen euitare stu- dent.

*Rerum, e terra effluentium via.* Idem mutatus stratorum situs rebus è terra ef- fluentibus transitum præbet, vt sunt.

1. Scaturientes in montibus aquæ, quæ in ca- uernis montium ab aere secernuntur, siue ab aquis subterraneis illæ veniant, siue ab aere superiori in locum condensatæ intus aquæ protrudantur, quod ego frequentissimum crediderim, cum in plerisque cauernis copiosam aquam stillantibus, & supra, & infra, solida omnia viderim.

2. Erumpentes è montibus venti, siue illi sint aer à calore dilatatus, siue diuersa fluida aerea

mutuo

mutuo concursu efferuescentia illos generent.

3. Exhalationes fætidæ, ignis ebullitiones calidæ, vel frigidæ &c. Nec ampliùs in eo difficultas vlla est, quod loca frigida, & sicca, quotiescunque illis aqua affunditur absque vllo caloris indicio ebulliant; quod ad latera frigidissimi fontis fons calidus erumpat; quod terræ motu fons calidus in frigidum vertatur, & flumina cursum mutent; quod valles vndique clausæ receptam pluuiarum aquam in depressiora loca eiaculentur; quod flumina sub terram delapsa alibi aeri reddantur, quod in iaciendis fundamentis Architecti interdum omnem operam ludant, reperta arena viua, quam appellant; quod quibusdam in locis dum putei effodiuntur primò aquæ reperiantur superficiei terræ vicinæ, inde post effossionem terræ ad plurium brachiorum profunditatem nouę aquæ reperiantur, data porta, vltra primò repertæ aquæ altitudinem exilientes; quod integri agri cum arboribus, & ædificijs sensim subsidant, vel ex improuiso hauriantur, adeoque ingentes lacus modò sint, vbi olim vrbes extitere; quod planities inhabitantibus periculum sit ab id generis ruinis, nisi de planitiei fundamento saxeo certi fuerint; quod per interualla voragines aperiantur pestiferum aerem exhalantes, quæ super ingestis quibuslibet corporibus iterum obturantur.

*Lapidum variegatorum origo, & mineralium receptacula.*

Idem mutatus stratorum situs omnis generis variegatis lapidibus occasionem dedit; simulque minera-

mineralibus plerisque receptaculum præbuit, siue id contigerit in rimis stratorum, siue in illis fissuris, quæ in materia eorum sicca quidem, sed nondum dura, vel inter lamellas, vel in scissuris reperiebantur; siue in interstitijs inter strata superiora, & inferiora, post inferiorum stratorum delapsum; siue in locis vacuis à corporum ibi contentorum resolutione relictis. Vnde.

1. Demonstrari poterit, leuissimo, imò planè nullo fundamento superstructas esse minutas illas, & tantùm non superstitiosas venarum diuisiones, quibus mineralium fossores vtuntur; adeoque ex radicibus, & ramis mineralium æquè dubiam esse de metalli abundantia diuinationem, ac est ridicula opinio Chinensium quorumdam de capite, & cauda Draconis, qua vtuntur ad auspicatum sepulchrorum situm in montibus inueniendum.

2. Mineralium pleraque, circa quæ humanus labor occupatur, à principio rerum non extitisse.

3. Posse in saxorum examine multa detegi, quæ in mineralium ipsorum examine frustrà tentantur; quandoquidem plusquam probabile sit, omnia illa mineralia, quæ saxorum spatia, vel fissa, vel dilatata replent, pro materia habuisse ex ipsis saxis expulsum vaporem, siue id contigerit antequam strata situm mutarent, quod in montibus Peruuianis euenisse crediderim; siue vbi iam tum situm strata mutassent; adeoque posse in exhausti mettalli locum, nouum metallum subcrescere;

re ; quod de minera ferri apud Iluenſes creditur potiùs, quam ſcitur, cum inſtrumenta foſſorum, & idola ibi reperta, non ferro, ſed terra circumdata fuerint.

Atque hæc de terræ ſtratis attentiùs examinanda iudicaui, tum quod ipſa ſtrata ſint ſolida ſolidis naturaliter incluſa, tum quod in illis ferè omnia ea corpora contineantur, quæ propoſitæ quæſtioni occaſionem dederunt.

Quod cryſtalli productionem attinet, quomodo prima ipſius delineatio peragatur, non auſim determinare ; id ſaltem extra controuerſiam eſt, quæ apud alios ea de re legere mihi contigit, locum ibi nullum habere : nec enim irradiationes, nec particularum figura totius figuræ ſimilis, nec figuræ hexagonæ perfectio, partiumque verſus idem centrum confluxus, nec id generis alia experientiæ reſpondent, vt patebit ex varijs propoſitionibus, quas adducam euidentiſſimis experimentis alibi confirmatas. Ne verò confuſioni locus relinquatur, expedit in anteceſſum terminos explicare, quibus, in nominandis cryſtalli partibus, vtor. *De Cryſtallo.*

Cryſtallus componitur ex duabus pyramidibus hexagonis, & columna intermedia itidem hexagona, vbi *angulos ſolidos extremos* illos appello, qui vertices pyramidum conſtituunt, *angulos* verò *ſolidos intermedios*, illos, qui in pyramidum cum columna vnione conſtituuntur, eodem modo plana

pyramidum

pyramidum *plana extrema*, & columnæ plana, *plana intermedia* appello; *planum baſeos* eſt ſectio perpendicularis ad omnia plana intermedia, *planum axis* eſt ſectio, in qua eſt axis cryſtalli, qui componitur ex axibus pyramidum, & axe columnæ.

Locus, vbi prima concretio cryſtalli incipit, an ſit inter fluidum, & fluidum, an inter fluidum, & ſolidum, an verò in ipſo fluido, dubitari poterit: locus verò, vbi iam formata cryſtallus creſcit, ſolidus eſt quà parte cryſtallus illi innititur, ſiue ſaxum ſit, ſiue alia iam tum producta cryſtallus; reliqua fluidus eſt, ſi impedimenta tollas, quę ab inæqualitate ſaxi, vel alijs iam productis cryſtallis illi ſe offerre poterunt. An fluidum ambiens aqueum ſit, non auſim determinare; nec enim vrget, quod afferunt de aqua cryſtallis incluſa; cum certum ſit, vna cum aqua aerem ibi contineri; & dari multas cryſtallos ſolum aerem includentes: at verò ſi in fluido aqueo concreuiſſet cryſtallus, omnia ſpatia vndique clauſa plena eſſent aqua, quandoquidem eo modo detentam aquam nullo ſęculorum numero euaneſcere, conſtans obſeruatio ſit.

Hunc cryſtallis locum præbent ſaxorum cauitates, varijs, vt ſupra dictum eſt, modis productę; nec obſtat, quod integri colles terrena materia conſtent cryſtallis refertiſſima; quandoquidem in vicinia eorumdem collium ſaxei montes reperiantur, apti producendis cryſtallis; & in ipſis colli-

bus

bus terrenæ materiæ insepulta eruantur maiora saxa a vicinis montibus auulsa; quorum quædam fissuras ostendunt materia marmorea repletas; pari ratione, ac in ipsis montibus saxeis stratorum fissuræ replentur: eadem autem causa, quæ, à vicinis montibus, auulsa stratorum fragmenta in colles deuoluit, poterit itidem ex eorumdem stratorum cauitatibus excussas crystallos per eosdem colles disseminasse.

Quod crystalli locum spectat, cui noua materia crystallina apponitur, quid de illlo statuendum sit, sequentes propositiones ostendent.

I. Crescit crystallus, dum crystalli iam delineatę planis externis apponitur noua materia crystallina; vt adeoque locum nullum omninò inueniat eorum opinio, qui autumant crystallos vegetando crescere, & nutrimentum attrahere, quo latere matrici adhærent; adeoque à fluido saxi exceptas particulas, & in fluidum crystalli transmissas, intrinsecus crystalli particulis apponi.

II. Noua hęc materia crystallina non omnibus planis apponitur, sed vt plurimum solis planis apicis, seu planis extremis; quo fit. 1. vt plana intermedia, seu plana quadrilatera componantur ex basi planorum extremorum, adeoq; eadem plana intermedia in quibusdam crystallis maiora, in alijs minora sint, in quibusdam omninò desiderentur. 2. Vt plana intermedia fęrè semper striata sint, plana verò extrema, materiæ sibi appositę indicia conseruent. III. Non

III. Non eodem tempore, nec eadem quantitate omnibus planis extremis apponitur materia crystallina; hinc fit. 1. Vt axis piramidum non semper constituat eamdem rectam cum axe columnę. 2. Vt plana extrema rarò sint æqualia inter se, vnde sequitur inæqualitas planorum intermediorum. 3. vt plana extrema non semper sint triangularia, sicut, nec semper quadrilatera sunt omnia plana intermedia. 4. Vt angulus solidus extremus resoluatur in plures angulos solidos, id quod & angulis solidis intermedijs frequenter contingit.

IV. Non semper totum planum materia crystallina tegitur, sed interdum versus angulos, interdum versus latera, interdum in medio plano loca nuda relinquuntur. Hinc fit. 1. Vt idem planum communiter dictum, non habeat partes suas omnes in eodem plano sitas, sed in planis diuersis, suprà illud diuersè extantibus. 2. Vt planum communiter dictum multis in locis non planum, sed gibbum conspiciatur. 3. Vt in planis intermedijs inæqualitates oriantur scalarum gradibus similes. Apposita planis materia crystallina super eadem plana, ab ambiente fluido extenditur, & sensim induratur; quò fit. 1. Vt superficies crystalli eò læuior euadat, quò tardiùs indurruerit apposita illi materia, & omninò aspera relinquatur, si dicta materia induruerit antequam sufficienter extensa fuerit. 2. Vt dignosci

possit

possit modus, quo materia crystallina crystallo apponitur; quandoquidem vbi subitò concreuit, exiguis tuberculis tamquam variolis plenam su-superficiem exhibet, quo modo minutæ oleosi fluidi guttulæ fluido aqueo innatare solent, interdum etiam pyramides trilateras, & depressas ostentat, si aliquantò tardiùs induruerit: tortuosi defluentis materiæ limbi indicant, tum locum, cui materia fluida imponebatur, tum locum versus quem extendebatur, tum ordinem appositæ materiæ nempe, quæ prima, quæ vltima accessit. Et hoc modo semper quædam inæqualitates in crystallis montium extant, nec vnquam crystallum vidi, cuius etiam num integræ superficies eum lævorem obtineant, quem eiusdem defractæ crystalli rupta latera ostendunt; vt vt multùm se diffundant rerum naturalium Scriptores in celebrando lævore crystalli in montibus excisæ. 3. Vt obuia quælibet corpora solida ipsi crystallo innectantur, ac si glutine quodam inuiscata fuissent, si crystalli superficiem nec dum solidatam offenderint. 4. Vt supra vicina plana interdum defluere videatur. 5. Vt in illis planis vbi quædam loca sine apposita materia crystallina relicta fuerint, accedens noua materia crystallina, & super eadem loca extensa, cauitates ibi formet, interdum lamellas plures producat, nonnumquam externi fluidi partem includat, quod modò purus aer est, modò cum aere aqua.

Fluidum externum à durioris ſtrati ſubſtantia materiam cryſtallinam accipit ; quò fit . 1. Vt diuerſæ naturæ ſaxa , diuerſum fluidum exhalantia, diuerſi coloris cryſtallos producant . 2. Vt in eodem loco modò primæ , modò vltimæ cryſtalli obſcuriores fiant ; in eadem autem cryſtallo , partes primò concretæ vltimò concretis partibus interdum obſcuriores fiant . 3. Vt conſumptis intra terras oſtreis , & conchis , alijſque corporibus vacua illorum ſpatia cryſtallis repleantur .

Materiæ cryſtallinę motus , quo verſus iam formatæ cryſtalli plana determinantur , non oritur à communi quadam cauſa motus in fluido ambiente , ſed in qualibet cryſtallo mutatur ; vt adeoque verè dependeat à motu fluidi ſubtilis à iam formata cryſtallo effluentis ; quo fit . 1. Vt in eodem loco planis diuerſo ſitu horizontem reſpicientibus apponatur materia cryſtallina . 2. Vt in eodem fluido diuerſæ figuræ cryſtalli formentur. An dictum fluidum illud ſit , cuius ope refractio peragitur , an verò fluidum aliquod ſit inde diuerſum , ingenioſioribus examinandum relinquo. Certè magnam fluidi penetrantis efficaciam eſſe , longitudo filorum euincit , quę circa magnetis poros è ferri limatura exurgunt , non ſolum quando eadem limatura magnetem proximè contingit , ſed etiam , quando intercedens charta à magnete illam diuidit ; vbi pro vt variè magnes infra chartam

tam mouetur, ſupra chartam id generis fila, modò, vna extremitate quieſcente, altera extremitate omnes illos arcus percurrunt, qui intra globi hemisphærium deſcribi poterunt; modò tota de loco in locum haſtatorum Militum inſtar progrediuntur; modò per alterius magnetis viciniam incuruatæ, arcum imitantur, ac ſi ſingulæ partes limaturę ſibi mutuò agglutinatæ in ſolidum corpus coaluiſſent. Pari ratione permeantis fluidi ope inter ſe coerere crediderim guttulas illas, quę in recipiente ab expulſa, & retorta materia concretæ, primò recipientis lateri ſuperiùs adherent, inde verò vbi plures ſimul ſe inuicem in eodem arcu recipientis contigerint, inde dilapſæ varia fila globuloſa formant extremis ſuis modò lateribus recipientis adherentia, modò alijs filis innexa. Id generis fila, quę in aqueo oculi interdum obſeruaui, è globulis compoſita pari modo formata crederem, nec aliter fila, & ramos per appoſitionem extrinſecam in fluido productos crediderim. Sed vt vt de his fuerit, in cryſtalli incremento geminus motus conſiderandus eſt; vnus, quo efficitur, vt certis cryſtalli locis, & non alijs apponatur materia cryſtallina; quem ego motum permeanti fluido ſubtili adſcribendum ſuſpicor, & allato magnetis exemplo illuſtrandum: alter, quo appoſita cryſtallo noua materia cryſtallina in planum extenditur, qui à fluido ambiente deriuandus eſt; ſic vbi ſuper magnetem exſurrexerint fila

 ferrea,

ferrea, aeris motu, quod ab vno decutitur alteri accedit. Huic ambientis motui adſcriberem, quod, non modò in cryſtallo, ſed etiam in alijs multis angulatis corporibus plana quęlibet oppoſita, ſibi inuicem parallela ſint. Ex hactenus allatis demonſtrare liceret, non eſſe ſummum frigus, cryſtalli cauſam efficientem; non eſſe ſolos cineres, ignis vi exuſtos, qui in vitrum abeunt; non eſſe ſolam vim ignis, vitri productricem; non eſſe cryſtallos omnes productas initio rerum, ſed etiamnum in dies produci; non eſſe rem viribus humanis maiorem, detegere productionem vitri abſque ignis violentia, modò quis inſtituerit accuratam analyſim ſaxorum, in quorum cauitatibus optimæ cryſtalli formantur; certum enim eſt, vt ex fluido concreuit cryſtallus, ſic in fluidum reſolui poſſe eamdem cryſtallum, modò quis verum Naturæ menſtruum imitari nouerit: Nec obſtat, quædam corpora ſolida, vbi ſemel fluidum reſoluens, ſeu menſtruum eorum inde eductum fuerit, eodem, vel ſimili reſoluente non ampliùs reſolui poſſe; id enim in corporibus contingit, à quibus menſtruum totum vi ignis reſoluitur; cryſtallus autem, & omnia angulata corpora, quæ in medio fluido reſoluente, ſeu in medio menſtruo concreſcunt, nunquam vſque adeò pura euadunt, quin quædam particulæ menſtrui inter angulati corporis particulas relinquantur, vndè pręcipua cauſa diuerſitatis dependet, qua

cryſtallum

cryſtallum a vitro, tum in refractione, tum in alijs operationibus differt, cum in vitro non adſint vllæ fluidi diſſoluentis partes, vtpote ignis violentia indè expulſæ; fluidum enim, in quo cryſtallus concreſcit, eodem modo ſe habet ad cryſtallum, quomodo aqua comunis ſe habet ad ſalia; idque facilè probari poſſet illorum inductione, quæ ſalium concretio cum cryſtalli concrectione commune habet; ſed cum nimium à propoſito digrederer, ea omnia hic referendo, vnum tantum experimentum recitabo, quod mihi perpulchrum viſum eſt. In eodem lapide varijs in locis recedentes ab inuicem lamellæ eius cryſtallis plenæ erant, quarum nonnullæ aqueæ, aliæ lucidiſſimæ, quædam albæ, multæ amethiſtinæ erant, ſibi inuicem immixtæ ſinę vlla colorum confuſione, eodem omninò modo, quò vitriolum, & alumen in eadem aqua diſſoluta, poſt conſumptam aquæ partem, ſeorſim concreuiſſe ſingula, abſque vlla partium miſcela, hìc facta ſalium experimenta demonſtrant.

*Angulata ferri corpora.* Angulata ferri corpora, quę hactenus videre mihi contigit, ad tria genera reducuntur; quorum primum planum eſt, & medio craſſius exiſtens, verſus extrema ſenſim attenuatur, vbi in limbum acutum vndique deſinit: ſecundum, duodecim planis: tertium viginti quatuor planis includitur. Ex ſecundo genere interdum fit corpus angulatum ſex planis conprehenſum, referens duas pyramides

ramides trilateras ſibi mutuò ita per baſim vnitas, vt vnius baſis anguli alterius baſis latera bifariam ſecent.

Secundum, & tertium genus angulatorum ferri corporum conuenit cum cryſtallis:

1. Loco productionis; quandoquidem locus, vbi creſcit ferrum, partìm ſolidus ſit, partìm fluidus, ſitque cauitas ſaxi.

2. Quà locum, cui apponitur materia; quandoquidem etiam in ferro, nec omnibus planis, ſed certis tantùm, & his nec totis ſemper, nec eodem ſemper tempore, ſed modò vni, modò alteri, modò verſus extrema, modò verſus medium apponatur.

3. Quà locum, vnde venit materia ferrea, cum & illa è ſolidioris corporis poris effluxiſſe videatur.

4. Quà modum, quo eadem materia, fluidi permeantis ope, verſus ſolidum determinatur, & fluidi ambientis motu in planum extenditur, & læuigatur.

Differunt materia, & figura; quod cryſtalli materia diaphana ſit, ferri autem materia opaca; cryſtalli figura octodecim planis includatur, quorum planorum extrema duodecim polita ſunt, ſex autem intermedia ſtriata: in ferri autem ſecunda ſpecie duodecim plana numerentur, quorum ſex extrema ſunt, & ſtriata, alia ſex intermedia, & polita; & in tertia ſpecie ferri viginti quatuor

plana

plana numerentur, quorum ſex extrema ſtriata ſunt, intermedia octodecim polita, interdum inter plana extrema ſtriata, ſex alia plana nitentia interiacent, referentia pyramidum triangularium truncata latera.

Conſideratu digna res viſa mihi eſt, cubo truncato ad vnguem repræſentari poſſe omnem planorum numerum in tertia ſpecie angulatorum ferri corporum; ſunt enim ibi ſex plana quinquelatera, quæ cum planis cubi coincidunt, & quatuor angulis ſingula latera planorum cubi bifariam ſecant; reliqua plana omnia in cubi angulis certo modo truncatis reperiuntur.

Eſt & aliud, in ijſdem angulatis ferri corporibus, non minori admiratione dignum, in ſecundo genere angulatorum ferri corporum plana extrema, quæ ſtriata, & quinquelatera ſunt, ſucceſſu temporis in trilatera mutantur, plana verò intermedia, quæ trilatera ſunt, & polita euadunt quinquelatera habentia duos angulos rectangulos ſibi inuicem proximos, inter ſingula verò bina plana quinquelatera quà eorum anguli rectanguli ſe contingunt, bina triangula, vel bina plana trilatera conſtituuntur itidem polita, quorum baſes cum quinquelaterorum latere perpendiculari coincidunt, vt adeoque ſecundum ferri genus in tertium mutetur; quod autem hoc modo è corpore duodecim planorum, corpus viginti quatuor planorum fiat, inde mihi perſuadeo. 1. Quod

in

in eadem congerie corporum ferreorum tenuiora fere omnia, duodecim tantùm plana, crassiora autem viginti quatuor habeant; 2. Quod in quibusdam corporibus duodecim planorum, appareant principia planorum triangularium, quæ accessoria sunt, & continuata, corpus viginti quatuor planorum absoluunt.

In planis triangularibus adeò perfectum læuorem aliquando obseruaui, vt nulla ne minima quidem inæqualitas oculis pateret, quod necdum in vlla crystallo videre mihi contigit; in alijs, vidi plana circularia minora, maioribus imposita, quorum altiora, vt plurimùm, vertici trianguli proxima erant, vt adeoquè dubitare liceat sint ne plana quinquelatera è triangularium planorum basibus composita, quandoquidem vestigia striarum ibi extent illis parallela.

In æris minera eodem modo formari angulata corpora, vt de crystallo, & ferro dictum est, ex frustis illis æreis colligitur, quàs inter alia Naturæ rariora asseruas; sed cum materiæ abundantia repleuerit omnia corporum interualla, difficile est integram corporum figuram inuestigare. Nec aliter se res habet cum angulatis argenti corporibus è Germania tibi transmissis.

*De Adamante.* De Adamante, quà locum, & modum productionis, ex eorum fabrica idem, quod de crystallis colligitur, scilicet.

1. In fluido saxorum cauitatibus incluso productos

ductos eos esse, etiamsi celebris rerum Indicarum Scriptor suadere conetur in terra, vnde semel eruti sunt adamantes, certo annorum spatio renasci.

2. Ex fluido productos esse per materiæ adamantinæ appositionem.

3. In eorum productione, & subtilis fluidi permeantis, & ambientis fluidi operationes considerandas. Cæterà, quò ad figuram, variam illam esse; cum quidam octo, alij nouem, alij octodecim, alij viginti quatuor planis includantur; vbi pleraque plana striata erant, nonnulla etiam læuia. Quidam angulati licet essent, quasdam tamen superficies gibbas, potiùs quàm planas, habebant.

Marcasitarum materia varias figuras induit, modò enim superficiem loci incrustat, modò in corpora plurium planorum condensatur, modò parallelepipeda rectangula format, quæ communi loquendi modo cubos appellabimus, etiamsi planorum omnium æqualitas in paucis obseruetur. *De Marcasitis.*

Cum de cubis marcasitarum varia obseruare mihi licuerit, & quà cubos ipsos, & quà loca vbi reperiuntur, de illis solis mihi sermo erit, differt autem eorum productio à productione crystalli.

1. Tempore; quandoquidem cubi marcasitarum producti sint ante productionem stratorum,

quibus continentur, cryſtalli verò poſt ſtratorum productionem concreuerint.

2. Loco productionis; cryſtallus enim, ſaltem dum creuit, ſolido corpori innitebatur, adeoque in loco partim ſolido, partim fluido continebatur, marcaſitarum verò cubi inter duo fluida creuiſſe videntur, quandoquidem nec quidem in maioribus cubis veſtigia extent cohæſionis cum altero corpore, etiamſi ſæpiùs paruuli cubi reperiantur, qui creſcendo, ſibi mutuò adhęſerunt in ſuperficie fluidi. Poſſe autem id generis grauiora corpora in ſummo fluido hærere, dum vna eorum ſuperficies ab alterius naturæ fluido ſupraſtante, & leuiori immediatè tangitur, ſolidiſſimæ Magni Galilei demonſtrationes nos docent; ex dictis fluidis alterum aqueum extitiſſe, ſtrati materia indicat, quæ ex eodem fluido ſubſedit.

3. Modo, & loco appoſitionis; quandoquidem omnibus cubis planis apponatur materia marcaſitæ ſecus ac in cryſtallis fieri diximus, id quod vniformitas omnium ſuperficierum euidenter indicat in cubis, quos è ſaxis ipſe excidi, quorum omnia plana ſtrias habebant duobus lateribus parallelas, ita quidem, vt in planis oppoſitis eodem ductu ferrentur ſtriæ, plana verò ſibi inuicem vicina, diuerſum ſtriarum ductum exhiberent. E ſtriarum ductu ſequitur, circa quemlibet cubum, triplici motu determinatum fuiſſe ambiens fluidum, quorum vnus perpendicularis ad horizon-

tem,

tem, reliqui duo horizonti paralleli, ſibi inuicem autem perpendiculares fuerunt; nec difficile eſt triplicis huius motus modum explicare, dum enim fluidum à centro Terræ recedere nititur, rectus ille motus à baſi cubi impeditur, quo fit vt verſus latera anguſtiora detorqueatur dictum fluidum; quandoquidem per latera ampliora adſcendentis fluidi impetus fortior ſit, adeoque illac aditum nullum permittat, & hoc modo, duo planorum paria, ſtriarum veſtigijs ſignantur; tertium planorum par ab illa fluidi parte ſtrias ſuas accipit, quæ inter cubum, & reſiliens à baſi cubi fluidum tranſit.

4. Figuræ perfectione; in cryſtallis enim, vix, ac ne vix quidem vna reperitur, in cuius figura aliquid non deſideretur; marcaſitarum autem cubis raro quidquam deeſt, nec difficilis eius rei ratio eſt, cum enim in cryſtallo omnes anguli ſolidi, præter extremos, obliqui ſint, & ſingulis eorum planis ſeorſim materia cryſtallina apponatur, eò minùs euadit dictum planum planis vicinis figuram mutantibus, quò plus materiæ vni eorum ſoli acceſſerit; in marcaſitæ autem cubis cum omnes anguli ſolidi recti ſint, etiam ſi vni plano ſoli noua materia acceſſerit, ſemper eamdem magnitudinem idem planum conſeruat, planis vicinis figuram non mutantibus.

Varia alia in marcaſitarum cubis obſeruantur, vt cubi cubis incluſi, vt materia marcaſitæ veſtita materia transparenti, quæ aliam marcasitam includit, & id generis alia, quæ ipsi *Dissertationi* reseruo. Sunt & angulata corpora, quæ in lamellas resoluuntur, vt selenitides romboidales sunt corpora romboidea, quæ in alia romboidea corpora resoluuntur; & alia corpora varia, quæ licet in multis à crystallo differant, in eo tamen omnia inter se conueniunt, quod in fluido, & ex fluido concreuerint, quod itidem verum est de famosissimo inter chymicas materias talco, vt adeoque minimè errent, qui credunt posse solidum corpus talci in corpus fluidum resolui, quandoquidem, è fluido concreuisse illud, extra controuersiam sit; illos autem à vero quàm longissimè aberrare nullum est dubium, qui ignis tortura hanc ab illo gratiam extorquere nituntur; mitiùs enim à Natura haberi solitum talcum tantam in venustatis amatoribus sæuitiem indignatur, & vindictæ loco Vulcano cedit illam sui resoluentis partem, quam sibi inclusam conseruat.

Si angulatorum corporum examen accuratum institueretur, tum quà compositionem, tum quà resolutionem, breuì certam cognitionem acquireremus de varietate motus, quo particulæ fluidi tum subtilis, tum ambientis agitantur; quæ pars Physices vt à paucis tacta, sic ad veram operationum naturalium explicationem omnibus necessaria est.

Inter solida solido naturaliter inclusa, nullum

nec

nec frequentiùs occurrit, nec magis dubium eſt, quam teſtæ conchyliorum, quocirca aliquantò fuſiùs de illis differam, conſiderando primò teſtas è mari deſumptas, inde illas, quæ è montibus eruuntur.

Omnis generis teſtæ, quæ animal ſibi quondam incluſum habuere, ſenſibus noſtris ſequentia exhibent. *Teſtæ conchyliorũ.*

1. Ipſas teſtas integras reſolui in teſtulas, teſtulas verò reſolui in fila, eaque fila ad duo genera reduci, colore, ſubſtantia, & loco à ſe inuicem differentia.

2. In teſtulis ſuperficiem ſuperiorem, inferioremque nil eſſe, niſi filorum extrema, ſuperficiem verò limbi eſſe latera eorumdem filorum in limbo teſtulæ ſitorum.

3. In ipſa teſta ſuperficiem interiorem eſſe eamdem cum ſuperficie interiore intimæ ſeu maximę teſtulæ, ſuperficiem verò exteriorem compoſitam eſſe ex ſuperficie exteriori, & minimæ teſtulæ, & hæc, ſuperficie omnium limborum intermędiarum teſtularum.

Circa modum, quo teſtæ in animalibus producuntur, ſequentia euidenter demonſtrari poterunt.

1. Materiam filorum ſudori animalium in eo ſimilem eſſe quod ſit humor per ſuperficiem exteriorem animalis excretus.

2. Filorum figuram duobus modis produci poſ-

ſe,

ſe, vel in ipſis animalis poris per quos excernuntur, vel dum creſcentis animalis ſuperficies, maior facta ſuperficie iam pridem concretæ teſtulæ, ab eadem recedit, adeòque glutinoſum humorem intra vtramque ſuperficiem contentum partim in fila ducit ( id quod humoribus viſcoſis familiare eſt ) partim noui humoris excretione adauget; quod nulla alia materia intra dictas duas ſuperficies penetrare poſſit.

3. Diuerſitatem filorum dependere à pororum diuerſitate, quibus animalis ſuperficies perforata eſt, & à diuerſitate materiæ, quæ per eoſdem poros excernitur; habet enim id generis animalia geminam ſubſtantiam in ſuperficie, quarum altera durior eſt, mollior altera, vtraque fibroſa, cuius accuratior indago non parum lucis affert oſſium examini.

4. Teſtulas omnes, ſi extimam, ſeu minimam, exceperis, productas eſſe inter textam exteriorem, & ipſum animalis corpus, adeòque non à ſe ipſis, ſed à loco figuras accepiſſe; quo fit vt motus animalis, & materiæ quantitas, aliquam in figura varietatem ſæpiùs in oſtreis producat. De extima teſtula dubitari poterit, an ſuperficiem exteriorem ambiens fluidum tetigerit, an verò membrana quadam tecta fuerit; crediderim tamen vltimam opinionem ſolam locum habere. 1. Quod omnium reliquarum teſtularum fila, quo tempore concreuerunt, à fluido ambiente intacta fuerint.

fuerint. 2. Quod in chamis hirſutis videamus membranæ, vel corio ſimile quid teſtas extrinſecus veſtire. Sed de re tantùm non inſenſibili quęſtio eſt, & dici poterit intra ouum iam tum induruiſſe primæ teſtulæ fila quandoquidem experientia conſtet oſtrea, & alia teſtacea ex ouis, non ex putredine naſci.

Ex dictis facilè explicatur. 1. Omnis illa varietas colorum, & aculeorum, quæ in teſtis, tum noſtratibus, tum peregrinis admirationem multorum merentur; cum aliunde non procedat, quàm ex limbo animalis teſta incluſi. Etenim hic limbus, dum ex paruulo ſenſim creſcit, & dilatatur, in ſingulis teſtularum oris ſui imaginem relinquit; quandoquidem dictæ orę vel concreſcant ex humore, qui ex limbo animalis exudat, vel ſint ipſi limbi animalis, qui vt in canibus marinis dentes, de nouo forſitan ſuccreſcunt in prioris limbi locum, & eorundem dentium inſtar versùs exteriora ſenſim euoluuntur. 2. Margaritarum productio, tum earum, quæ teſtis adhærentes, figura non vſque adeò rotunda ſunt, tum earum, quæ, obſtructis in ſuperficie animalis pororum oſtijs, intra ipſos poros figuram rotundam adipiſcuntur: namque inter margaritarum cortices, & concharum margaritiferarum teſtulas id diſcriminis dumtaxat intereſt, quod teſtarum fila in eodem quaſi plano ſita ſint; margaritarum verò cortices fila habeant diſpoſita per eamdem

ſuperficiem

ſuperficiem ſphæricam. Elegans huius rei exemplum inter alias margaritas Tuo iuſſu à me diffractas vna præbuit, quæ exteriùs candida, interiùs corpus nigrum includebat ſimile grano piperis, & quà colorem, & quà magnitudinem, in quo filorum altera extremitate centrum reſpicientium ſitus euidentiſſimus erat, ordineſque, ſeu ſphæræ eorundem filorum dignoſci poterant. Eadem occaſione vidi. 1. Margaritas varijs tuberibus inæquales nil aliud eſſe, quàm varias paruulas margaritas ijſdem communibus cruſtis incluſas. 2. Margaritas flaueſcentes multas non ſolùm in ſuperficie extima ſphæræ, ſed in omnibus ſphæris interioribus flauo colore tinctas eſſe, vt adeòque dubitare ampliùs non liceat eſſe colorem illum adſcribendum mutatis humoribus animalis, & Æthiopem lauare, qui illum eluere ſtudet, niſi vel adſcititius color fuerit, vtpote in collo geſtantis eas natus, vel ſola extima ſphęra flaua fuerit, vtpote ſi animalis humores non fuerint immutati, quo tempore interiores ſphæræ formabantur. Vnde patet illorum error, qui inconſulta Natura margaritarum imitationem ex ingenio fingunt, cum vix quiſquam fęliciter illud aggreſſus fuerit, niſi alter Lucullus conchis margaritiferis viuaria repleuerit, & vel in ipſis animalibus modos eas multiplicandi inquiſiuerit, vel inde didicerit difficultatem Naturæ labores imitandi. Non negauerim, poſſe arte confici globu-

los

los è varijs corticibus compositos, sed eosdem cortices è filorum sibi mutuò appositorum serie ordinare, vnde natiuus ille margaritarum splendor dependet, id verò factu difficillimum iudicauerim.

Quæ testæ terris obrutæ latent, ad tria genera reducuntur.

Primum genus earum est, quæ modò descriptis adeò similes sunt, vt ouum ouo: quandoquidem, & ipsæ testæ in testulas resoluantur, & testulæ in fila, filorumque eadem diuersitas, & idem situs sit. Has testas animalium quondam in fluido viuentium partes extitisse, etiam si testacea marina numquam visa fuissent, ipsius testæ consideratio demonstrat; vt concharum biualuium exemplo patebit.

Quo tempore formatæ sunt conchæ biualuæ, materia intra conchas contenta,

1. Habuit superficiem læuem, & poris innumeris pertusam, duplicemque diuersitatem pororum.

2. Substantiam flexilem, & minus duram ipsa testa.

3. Ab vna parte cum ambiente materia communicauit, ab altera parte nullum cum ea habuit commercium.

4. Sensim recessit à parte illa, qua negatum ipsi erat commercium cum materia externa, versus illam partem, vbi liberum illi commercium erat cum eadem materia.

 5. Potuit

5. Potuit ſe ſe per interualla aperire pro amplitudine illius anguli, quem cardines teſtarum admittunt.

6. Ex paruo in magnum creuit.

7. Materiam, vndè confectæ teſtulæ ſunt, per ſui ſubſtantiam tranſmiſit.

Materia externa conchas ambiens, 1. Si non omninò fluida extitit, ſaltem minorem vim reſiſtendi habuit, quam erat vis dilatandi ſe in materia intra conchas contenta. 2. Continuit ſubſtantiam fluidam aptam conficiendis inde teſtularum filis; quæ omnes loci tum interni, tum externi conditiones in ipſa *Diſſertatione* argumentis, & figuris demonſtratæ ſatis euincunt intra conchas animal, extra conchas fluidum extitiſſe.

Secundum genus earum teſtarum eſt, quæ modò deſcriptis cæterò ſimiles, ſolo colore, & pondere ab illis differunt; dum quædam leuiores iuſto, aliæ iuſto grauiores deprehenduntur, quod hi poros habeant ſucco aſcititio repletos, illarum pori leuiorum partium expulſione ampliati ſint, de quibus nihil ampliùs ſubiungo, quod aliud nihil ſint, niſi teſtæ animalium, vel petrefactæ, vel calcinatæ.

Tertium genus earum eſt, quę ſola figura ſimiles ſunt, modò deſcriptis teſtis, reliqua in totum ab ijs differunt; cum nec teſtulę ibi, nec fila, multò minùs filorum diuerſitas obſeruetur. Harum alię aereę ſunt; alię lapideę, colore, vel nigro,

gro, vel flauo; alię marmoreę; alię crystallinę; alię alterius materię, quarum omnium productionem sequenti modo explico.

Vbi testę substantiam succorum penetrandi vis dissoluerit, ijdem succi vel terra hausti reliquerunt testarum spatia vacua, (quę ego testas aereas appello) vel noua accedente materia alterati pro eiusdem materię varietate eadem testarum spatia vel crystallis, vel marmore, vel lapide impleuere; vnde ortum habet marmoris illa pulcherrima species, quam Nephiri appellant, quęque aliud nihil est, quam sedimentum maris omnis generis testis plenum, vbi consumpta testarum substantia, lapidea substantia in locum eius successit.

Non patitur instituti mei breuitas, vt afferam omnium illorum descriptionem, quę in singulis testarum è terris erutarum generibus notatu digna obseruaui: quocirca, missis alijs, sola sequentia huc referam.

1. Concham margaritiferam in Etruria repertam, adhęrente ipsi conchę margarita.

2. Pinnę marinę maioris partem, vbi, consumpta bisso, color bissi remansit in materia illa terrea, quę concham repleuerat.

3. Ostreorum mirę magnitudinis testę, in quibus plures cauernę oblongę à vermibus exesę reperiuntur, illis omninò similes, quas in lapide Anconitano, Neapolitano, & Siculo certum ge-

nus concharum inhabitat ; quę lapidum cauitates nisi ab insectis nidos fabricantibus è luto formatę fuerint , ( quod vix crediderim , cum ipsa medij saxi substantia , vbi nullę cauitates reperiuntur , eadem sit cum substantia cauitatum , quæ omnes circa superficies hęrent , ) à vermibus erunt exesę, cum & superficies cauitatis illud suadeat , & in multis cauitatibus repertum corpus ex filamentis crassioribus contextum euincat, quod ipsi cauitati , magnitudine , & figura respondet . Certè nec à conchis , nec circa conchas factę sunt , cum organis ad rodendum destituantur id generis testacea , nec testarum figurę vlla cauitas respondeat . Nec mirum est mari exposita saxa conchyliorum ouis à mari expulsis receptaculum prębere in dictis cauitatibus , cum earum nullam hactenus viderim manifesto exitu destitutam . Quod si quis dixerit à succo lapidescente circa certa corpora concreto cauitates illas productas fuisse , quędam cauitates eadem materia vndique obductę absque ostio reperiundę fuissent .

4. Testam interiùs ex parte consumptam , vbi adesę substantię iacturam crusta marmorea suppleuit , varijs balanis tecta ; vt adeoque certò concludere liceat , à mari relictam in terris testam , secundò in mari deportatam , iterum nouo sedimento obrutam , & à mari derelictam fuisse .

5. Oua minutissima , & turbines vix nisi oculis microscopio armatis conspiciendi .

6. Pectines ,

6. Pectines, turbines, & conchas biualuas non cryſtallo tectas, ſed tota ſubſtantia cryſtallinas.

7. Vermium marinorum tubulos varios.

Quod de teſtis dictum eſt, idem de alijs partibus animalium, ipſiſque animalibus terra obrutis dicendum, è quorum numero ſunt dentes canum marinorum, dentes piſcis aquilæ, vertebræ piſcium, omnis generis piſces integri, crania, cornua, dentes, femora, & alia oſſa animalium terreſtrium, quandoquidem hæc omnia veris animalium partibus, vel omninò ſimilia ſint, vel ſolo pondere, & colore ab illis differant, vel, præter ſolam figuram externam, cum illis nihil commune habeant. *Aliæ partes animalium.*

Magnam difficultatem mouet innumerus ille numerus dentium, qui ſingulis annis ex inſula Melitenſi exportantur; cum vix nauis vlla eò appulerit, quin illius miraculi quædam indicia ſecum reuehat. Sed huic ego difficultati aliam reſponſionem non inuenio, quam, 1. Quod ſingulis Canibus ſexcenti, & plures dentes ſint, & toto tempore dum viuunt, noui dentes ſubcreſcere videantur. 2. Quod ventis agitatum mare obuia ſibi corpora verſus vnum aliquem locum protrudere, & ibidem accumulare ſoleat. 3. Quod Canes marini gregatim incedant, adeoque eodem loco plurium Canum dentes relinqui potuerint. 4. Quod in glebis Melitenſibus huc allatis, præter dentes diuerſos diuerſorum Canum, etiam

varia

varia conchylia reperiantur, vt adeoque, si numerus dentium dissuadet productionem eorum, terrę adscribendum esse eorumdem dentium fabricam, & in singulis animalibus copia, terra fundo maris similis, aliaque corpora marina eodem loco reperta contrariæ opinioni faueant.

Alijs difficultatem mouet magnitudo femorum, craniorum, & dentium, aliorumque ossium, quæ è terra eruuntur: sed nec tanti est hæc obiectio, vt quantitas solita quantitate maior, modum Naturæ viribus superiorem, inferre debeat, quandoquidem. 1. Nostro sæculo visa sint corpora hominum facie admodum procera. 2. Certum sit, extitisse aliquando monstruosæ magnitudinis homines. 3. Sæpius itidem pro humanis ossibus habeantur, quæ aliorum animalium ossa sint. 4. Idem sit attribuere Naturæ ossium verè fibrosorum productionem, ac dicere posse Naturam, absque reliquo homine, hominis manum producere.

Sunt, quibus diuturnitas temporis reliquorum argumentorum vim euertere videtur; cum nullius sęculi memoria constet, inundationes eò adscendisse, vbi multa marina corpora hodie reperiuntur, si diluuium vniuersale exceperis, vnde ad nostra vsque tempora quatuor mille anni præter propter numerantur; nec rationi consonum videtur, tot annorum iniurijs restitisse animalis corporis partem; cum videamus sæpè paucorum an-

norum

norum ſpatio eadem corpora in totum deſtrui. Sed huic dubio facilè reſpondetur, cum à ſoli varietate id totum dependeat; ſtrata enim ex certa argillæ ſpecie vidi, quæ omnia ſibi incluſa corpora tenuitate ſucci reſoluerunt; alia arenacea ſtrata plurima obſeruaui, quæ omnia ſibi commiſſa integra conſeruarunt. Quo experimento liceret in cognitionem venire illius ſucci, qui ſolida corpora reſoluit; quod verò certum ſit, multorum conchyliorum, quæ hodie reperimus, productionem ad tempora cum vniuerſali diluuio coincidentia referendam eſſe, ſufficiet ſequens argumentum. Certum eſt ante iacta Romanæ Vrbis fundamenta, Volaterranorum vrbem iam tum viribus potentem extitiſſe; at verò in ſaxis illis prægrandibus, quæ quibuſdam in locis ibi reperiuntur (murorum antiquiſſimorum veſtigia) omnis generis conchylia reperiuntur, & non ita pridem in medio foro exciſum ſaxum eſt conchis ſtriatis refertiſſimum; vt adeoque certum ſit hodie in dictis ſaxis repertas conchas iam tum productas fuiſſe, quo tempore muri Volaterrani extruerentur. Et ne quis dixerit, ſolas teſtas in lapidem conuerſas, vel lapidi incluſas ab edaci tempore nullum damnum paſſas fuiſſe; totus ille collis, cui vrbium Etruſcarum antiquiſſima ſuperſtructa eſt, ex maris ſedimentis exurgit ſibi inuicem impoſitis, & horizonti parallelis, vbi multa ſtrata non lapidea veris conchis, & nullam omninò

mutationem

mutationem paſſis abundant; vt adeoque certò pronunciare liceat, quas hodie inde extraximus, non immutatas conchas ab hinc ter mille annis, & ampliùs productas fuiſſe. Ab Vrbe condita ad noſtra vſque tempora numeramus bis mille quadringentos viginti annos, & quod excedit; & quis non largietur plura ſæcula effluxiſſe, ex quo primi homines eò ſedes ſuas tranſtulerunt, vſque dum in illam magnitudinem excreuerit, qua vigebat tempore conditæ vrbis? quibus ſeculis ſi illud tempus adiunxerimus, quod interceſſit à iacto primo ſedimento Collis Volaterrani ad relictum à mari eumdem Collem, confluenteſque eò alienigenas, facilè ad diluuij vniuerſalis tempora adſcendemus.

Eadem hiſtoriæ authoritas dubitare vetat, quò minus prægrandia illa oſſa, quæ ex agris Aretinorum eruuntur, mille nongentorum annorum ſæuitiei reſtiterint; certum enim eſt, 1. Crania iumentorum, quæ ibi reperiuntur, non eſſe ex huius Cæli animalibus, ſicut neque femora illa ingentia, & prælongæ ſcapulæ, quæ ibidem reperiuntur. 2. Certum eſt tranſijſſe illàc Annibalem, antequam ad lacum Traſimenum cum Romanis confligeret. 3. Certum eſt, extitiſſe in ipſius exercitu iumenta Africana, & immenſæ magnitudinis Elephantes turrigeros. 4. Certum eſt, dum à montibus Feſulanis deſcenderet, nimia aquarum alluuie perijſſe in locis paludoſis magnam

gnam partem animalium oneribus vehendis destinatorum. 5. Certum est locum, vnde eruuntur dicta ossa, ex varijs stratis congestum esse, quæ plena sunt saxis à circumsitis montibus torrentium impetu deuolutis; vt adeoque cuilibet loci, & ossium naturam cum historia conferenti euidens in omnibus consensus latere ampliùs non possit.

Quod de animalibus, eorumque partibus dictum est, plantis, & partibus plantarum pariter conuenit, siue è stratis terreis eruantur, siue intra saxeam substantiam delitescant; vel enim veris plantis plantarumq; partibus omninò similes sunt, quales rariùs reperiuntur; vel solo colore, & pondere ab illis differunt, quæ frequentiùs occurrunt, modò in carbones exustæ, modò lapidescente succo impregnatæ; vel sola figura illis respondent, qualium magna copia varijs in locis extat. *Plantæ.*

De primis duobus generibus, quin veræ plantæ olim extiterint, dubitare minimè licet, iubente ita ipsorum corporum fabrica, nec repugnante natura loci, vnde eruuntur. Qui obijciunt, in ædes translatam terram successu temporis in lignum abijsse, non nisi de superficie terræ lignum includente id asserere poterunt; vbi exiccata cum tempore terra, & in puluerem delapsa inclusum sibi lignum detexit: nec vrgent in eiusdem ligni poris reperta fila metallica, cum ipse è terra truncum extraxerim nodis ramorum, & cortice plantam testatum, cuius fissuræ materia minerali refertæ erant. Poſſet & hinc mineralium doctrinæ non parum lucis accedere, ſi in ligno, & in loco ligni inquireretur, quid illa mineralium productioni conferre potuerint. Bituminis nomine multa veniunt, quæ nil niſi carbones eſſe, fibrarum ductus, & exuſtorum cineres euincunt. Maiorem difficultatem parit tertium genus plantarum, ſeu figuræ plantarum lapidibus inſcriptæ; cum id generis figuras obſeruemus in pruina, arbore mercuriali, ſalibus volatilibus varijs, ſubſtantia alba in aquam reſolubili, quæ in vaſis vitreis non ſolùm lateribus eorum interiùs accreſcit, ſed interdum è medio fundo in liberum aerem exurgit. Sed ritè omnia perpendenti nihil occurret allatis opinionibus contrarium: ad duo enim genera referuntur inſcriptæ ſaxis plantarum figuræ: quędam in ſola ſuperficie rimarum hęrent, quas abſque vera planta, licet non abſque fluido productas facilè conceſſerim; aliæ non modò in ſuperficie rimarum conſiſtunt, ſed per ipſam lapidis ſubſtantiam quaquà verſus ramulos ſuos diffundunt; vnde ſequitur, quo tempore producebatur dicta planta, ſiue aliarum plantarum more, ſiue plantæ mercurialis modo factum id ſit, ipſam ſubſtantiam lapidis non dum fluidi naturam depoſuiſſe: id, quod ampliùs confirmat; non modò ipſa mollior conſiſtentia lapidis, ſed etiam angulata corpora in dendroitide Iluenſi frequentia, qualia, niſi in fluido libero, non concreſcunt.

Sed

Sed quid alijs argumentis opus eſt, vbi ipſa experientia loquitur? Varia loca vliginoſa, tum aprica, tum ſubterranea luſtraui, vbi muſco, & alijs plantis à præterlabente aqua accreſcens lapis nouo muſco varij generis tegebatur. Hactenus precipua illa corpora recenſui, quorum locus, in quò reperiuntur, multis dubium reddidit locum productionis eorumdem; & eadem occaſione ſubindicaui, quomodo de eo, quod inſenſibile eſt, certum quid ex ſenſibili concluditur.

*Variæ mutationes quæ in Etruria contigerunt.*

Quomodo præſens alicuius rei ſtatus ſtatum præteritum eiuſdem rei detegit, præ cæteris ſuo id exemplo Etruria euidenter declarat, in cuius hodierna facie obuiæ inæqualitates, manifeſta diuerſarum mutationum indicia in ſe continent, quas ordine inuerſo recenſebo à nouiſſima ad primam regrediendo.

1. Aliquando planum inclinatum A in eodem plano fuit cum plano horizontali altiori B, & eiuſdem plani A ita eleuati limbus, vt & limbus plani horizontalis altioris C vlteriùs continuati fuerunt, ſiue planum horizontale Inferius D in eodem plano fuerit cum planis horizontalibus altioribus B, C, ſiue aliud corpus ſolidum ibi extiterit planorum altiorum nuda latera fulciens: ſeu quod idem eſt, quo loco hodie fluuij, paludes, planities depreſſæ, præcipitia, & plana inclinata inter colles arenaceos conſpiciuntur, olim plana omnia extitere, eoque tempore aquæ omnes tum

 pluuiarum

pluuiarum, tum fontium, vel ipſam illam planitiem inundabant, vel ſub planitie canales ſubterraneos ſibi aperuerant; ſaltem ſub ſtratis ſuperioribus cauitates erant.

2. Quo tempore formabatur planum B, A, C, & illi ſuppoſita alia plana, totum planum B, A, C, aquis tectum fuit; ſeu quod idem eſt, ſupra colles arenaceos vt vt altos mare aliquando eleuatum fuit.

3. Antequam formaretur planum B, A, C, plana F, G eumdem ſitum habebant, quem modò obtinent, ſeu quod idem eſt antequam formarentur collium arenaceorum ſtrata, ijſdem in locis profundæ valles extiterunt.

4. Aliquando planum inclinatum I cum planis horizontalibus F, & G in eodem plano extitit, & planorum I, & G nuda latera, vel vlteriùs continuata fuerunt, vel aliud ibi ſolidum extitit eadem nuda latera fulciens, cum dicta plana formarentur; ſeu quod idem eſt, quo loco hodie, inter altiſſimorum montium planos vertices, valles conſpiciuntur, aliquando vna continua planities erat, ſub qua ingentes cauitates formatæ erant, ante ſtratorum ſuperiorum ruinas.

5. Quando planum F, G formabatur; fluidum aqueum illi incumbebat; ſeu, quod idem eſt, aliquando altiſſimorum montium plani vertices aquis tecti fuerunt.

Sex itaque diſtinctas Etruriæ facies agnoſcimus,

mus, dum bis fluida, bis plana, & ſicca, bis aſpera fuerit; id quod, vt multorum à me inſpectorum locorum inductione de Etruria demonſtro, ſic de vniuerſa terra variorum locorum deſcriptionibus à varijs authoribus allatis confirmo. Ne verò à nouitate periculum quiſquam metuat, Naturæ cum Scriptura conſenſum paucis exponam, recenſendo præcipuas difficultates, quæ circa ſingulas terræ facies moueri poterunt.

De prima terræ facie in eo Scriptura, & Natura conſentiunt, quod aquis omnia tecta fuerint; quomodo verò, & quando cœperit, & quanto tempore talis extiterit, Natura ſilet, Scriptura loquitur. Quod autem fluidum aqueum fuerit, quo tempore nec dum animalia, & plantæ reperiebantur, & quod fluidum illud omnia texerit, montium altiorum ſtrata omni heterogeneo corpore deſtituta euincunt; quorum figura fluidi præſentiam, materia abſentiam corporum heterogeneorum teſtatur; materiæ verò, & figuræ in diuerſorum, & ab inuicem remotorum montium ſtratis ſimilitudo, fluidum illud vniuerſale demonſtrat. Quod ſi quis dixerit, contenta in illis ſtratis diuerſæ naturæ ſolida ſucceſſu temporis conſumpta fuiſſe, negare minime poterit, conſpicuam ibi didiuerſitatem obſeruandam fuiſſe inter ſtrati materiam, & materiam per ſtrati poros percolatam, corporumque conſumptorum ſpatia replentem. Quod ſi verò ſupra primi fluidi ſtrata quibuſdam

in

in locis alia ſtrata reperirentur diuerſis corporibus referta, aliud inde non ſequeretur quàm ſupra ſtrata primi fluidi ab alio fluido noua ſtrata depoſita fuiſſe, quorum materia itidem replere potuerit à primo fluido relictorum ſtratorum ruinas; vt adeoque ſemper eò recurrendum ſit, quo tempore ſtrata illa ſimplicis materiæ, & in omnibus montibus obuia formabantur, reliqua ſtrata nondum extitiſſe, ſed omnia tecta fuiſſe fluido plantis, & animalibus, alijſque ſolidis deſtituto: quæ ſtrata, cum ex illorum genere ſint, quæ nemo negare poterit, quin à primo Motore potuerint immediatè eſſe producta, manifeſtum Scripturæ cum Natura conſenſum inde agnoſcimus.

De ſecunda terræ facie, quæ plana, & ſicca fuit, quando, & quomodo cœperit, itidem Natura tacet, Scriptura loquitur; cætera, quod talis terræ facies aliquando extiterit, aſſerentem Naturam Scriptura confirmat; dum ab vno fonte ſcaturientes aquas totam terram irrigaſſe docet.

De tertia terræ facie, qua aſpera ſtatuitur, quando cœperit, nec Scriptura, nec Natura determinat; magnam illam fuiſſe inæqualitatem Natura demonſtrat, montium autem mentionem diluuij tempore Scriptura facit; cætera quando producti fuerint illi montes, quorum Scriptura ibi meminit, fuerint ne illi montes ijdem cum montibus hodiernis, fuerit ne initio diluuij ea profunditas vallium, quæ hodiè, an verò ad depri-

mendam

mendam ſuperficiem excreſcentium aquarum nouæ ſtratorum rupturæ nouas voragines aperuerint, nec Scriptura, nec Natura determinat.

Quarta facies, quando omnia mare erant, plus negotij faceſſere videtur; licet re vera nil non facile ibi occurrat. Extitiſſe mare altius, quàm modò eſt, collium è maris ſedimento productio teſtatur; idque non modò in Etruria, ſed in plurimis locis ſic ſatis à mari remotis, vnde verſus mare mediterraneum aquæ dilabuntur: quin & in illis locis, vnde in Oceanum aquæ defluunt. Quanta illa maris altitudo fuerit, Scripturæ illam determinanti Natura non repugnat: quandoquidem, 1. Certa veſtigia maris extent in locis plures centenos pedes ſupra maris ſuperficiem eleuatis. 2. Negari non poterit, quin, vt omnia terræ ſolida initio rerum fluido aqueo tecta fuerunt, ſic aqueo fluido iterum tegi potuerint; cum rerum naturalium mutatio quidem continua ſit, nulla autem naturalis in nihilum reductio. Quis autem penetralium terræ fabricam perſcrutatus eſt, vt negare auſit, poſſe ibi ingentia ſpatia extare fluido modò aqueo, modò aereo plena. 3. Incertum omninò ſit, quæ vallium profunditas initio diluuij extiterit; ratio verò ſuadeat, primis mundi ſeculis ab aqua, & igne minores cauitates exeſas fuiſſe, adeoque minùs profundas ſtratorum ruinas inde ſequutas fuiſſe; montes autem altiſſimi, quorum Scriptura meminit,

altiſſimi,

altiſſimi erant eorum montium, qui tunc temporis reperiebantur, non autem eorum, quos hodie videmus. 4. Si animalis motus id agere poterit, vt pro arbitrio modò aquis obruta loca ſicca reddantur, modò nouis aquis obruantur, quid ni primò rerum omnium Motori eamdem libertatem, eaſdemque vires vltrò concederemus? De tempore diluuij vniuerſalis Hiſtoriæ Sacræ omnia minutim recenſenti hiſtoria profana non repugnat. Antiquæ vrbes Etruriæ natales ſuos vltra ter mille annos extendunt, quarum nonnullæ in collibus à mari productis extructæ ſunt; in Lydia autem viciniùs ad quatuor mille annos accedimus, vt inde colligere liceat, tempus quò à mare derelicta terra fuerit, conueniens eſſe tempori, cuius Scriptura meminit. Quod modum creſcentium aquarum ſpectat, varios afferre poſſemus Naturæ legibus conuenientes. Quod ſi quis dixerit, in terra centrum grauitatis non ſemper idem eſſe cum centro figuræ, ſed modò ab vna, modò ab altera eius parte recedere, prout cauitates ſubterraneæ varijs locis creuerint, facilem rationem afferre licet, cur fluidum initio rerum omnia tegens certa loca arida reliquerit, iterumque redierit ad illa occupanda. Eadem facilitate vniuerſale diluuium explicatur, ſi circa ignem in medio terræ aquarum ſphæra, aut ſaltem ingentia receptacula conſtituerentur; vnde, abſque centri motu, incluſæ aquæ effuſio deduci poterit. Sed, &

facilis

facilis admodum sequens modus mihi videtur, quo & vallium minor profunditas, & sufficiens quantitas aquæ inueniuntur, nulla habita ratione centri, vel figuræ, vel grauitatis. Quod si enim admiserimus, 1. Fragmentis quorumdam stratorum delapsis obturatos fuisse meatus, per quos in terrę caua penetrans mare ad fontium scaturigines aquam mittit. 2. Aquam visceribus terræ inclusam nulli mortalium dubiam, vi ignis subterranei omnibus noti partìm versus fontes actam, partìm per terræ non dum aquis obrutæ poros in aerem propulsam fuisse; illam verò aquam, quæ tum aeri semper inhæret, tum prędicto modo illi immiscebatur, pluuiarum specie delapsam fuisse. 3. Fundum maris ob dilatatas cauernas subterraneas eleuatum. 4. Reliquas in superficie terræ cauitates repletas fuisse terrena materia ab altioribus locis continuo pluuiarum allapsu abrasa. 5. Ipsam terræ superficiem minus inæqualem fuisse, vtpote ortui viciniorem, nihil nec Scripturæ, nec rationi, nec quotidianæ experientiæ contrarium admiserimus. Quid in terræ superficie contigerit dum aquis tegeretur, nec Scriptura, nec Natura declarat; id solum ex Natura asserere possumus, profundas valles tunc temporis productas esse. 1. Quod ignium subterraneorum vi ampliores redditæ cauitates maioribus ruinis locum prębuerint. 2. Quod aquis aperiendus fuisset reditus in profundiora terræ.

3. Quod hodie in locis à mari remotis profundæ valles conſpiciantur repletæ pluribus ſedimentis marinis.

Quinta facies, quę iterum ſicca reddita terra ingentes planities monſtrabat, extitiſſe planities illas Natura demonſtrat, Scriptura non refragante; cætera, an illico totum mare receſſerit; an verò labentibus ſeculis nouæ voragines apertæ nouis regionibus detegendis occaſionem præbuerint, cum Scriptura ſileat, & gentium hiſtoria de primis à diluuio ſeculis ipſis gentibus dubia, & fabulis plena credita fuerit, nihil certi ea de re determinare licet. Id quidem certum eſt, magnam terræ quantitatem ſingulis annis deferri in mare (vt fluminum amplitudines, & longa per mediterraneas regiones itinera, torrentiumque innumerum numerum, paucis, omnia terræ decliuia conſideranti facilè obuium eſt) adeoque deuectas à fluminibus terras, littoribuſque adiunctas in dies nouas terras relinquere nouis habitationibus aptas; id quod confirmat Antiquorum opinio, qua integras regiones cognominum fluuiorum munera dixerunt; vt & Græcorum traditio, dum referunt homines ſenſim à montibus deſcendentes maritima loca ob nimiam humiditatem ſterilia, ſucceſſu temporis fæcunda reddita incoluiſſe.

Sexta terræ facies ſenſibus obuia eſt, qua dictę planities aquarum præcipuè roſione, interdum, & ignium

& ignium exustione, in varios canales, valles, & præcipitia transierunt: nec mirandum est, apud historicos non legi, quo tempore quælibet mutatio contigerit. Primorum enim à diluuio seculorum confusa est & dubia historia apud profanos; labentibus verò seculis illustrium virorum facta, non autem Naturę miracula celebranda sibi sumpserunt. Desideramus nihilominus citata Scriptoribus monumenta eorum, qui in varijs locis factarum mutationum historiam conscripsere; & dum reliqui Authores, quorum scripta conseruata sunt, singulis tantùm non annis inter portenta referant terræmotus, è terris erumpentes ignes, fluminum, & marium exundationes; facilè patet quatuor mille annis multas, & varias mutationes contigisse. Vt adeoq; multùm errent illi, qui in scriptis Antiquorum multos errores accusant, quod varia ibi occurrant ab hodierna Geographia dissona. Nollem ego fabulosis Antiquorum narrationibus facilè fidem adhibere; sed & multa ibi occurrunt, quibus fidem non denegarem. Ex illorum enim genere multa ibi deprehendo, quorum falsitas potiùs, quam veritas mihi dubia esse videtur; vt sunt mare mediterraneum ab Oceano occidentali separatum; è mari mediterraneo in mare rubrum transitus; insulæ Atlantidis submersio; variorum locorum in itineribus Bacchi, Triptolemi, Vlissis, Eneæ, aliorumque descriptio vera, licet rebus hodie occurrentibus non respondeat. Plerarumque mutationum, quæ in Etruria contigerunt toto ſpatio, quod Arnum inter, & Tyberim intercipitur, euidentes demonſtrationes in ipſa *Diſſertatione* afferam, & licet tempus, quo ſingulæ contigerint aſſignari non poſſit, illa tamen ex hiſtoria Italiæ argumenta afferam, vt nullum vlli dubium relinquatur.

Atque hæc ſuccinta, ne dicam, tumultuaria relatio eſt rerum præcipuarum, quæ in ipſa *Diſſertatione* tum diſtinctiùs, tum fuſiùs exponere decreueram, addita locorum deſcriptione, vbi ſingula obſeruaui.

D. Vin-

D. Vincentius Viuiani videat, & referat an in hoc opere ſit aliquid quod Fidei Catholicæ, vel bonis moribus ſit aduerſum.

*Vinc: de Bardis Vic. Gener. Flor.*

Illuſtriſſime, ac Reuerendiſſime Domine

Cum Celeberrimi Stenonis *De Solido intra Solidum Naturaliter Contento Diſſertationis*, ſeu mauis totius Phyſices, nouum, fauſtumque *Prodromum* viderim, cumque in eo Catholicę fidei, bonorumq; morum candorem, qualem in candidiſſimo Authore illibatum agnouerim, dignè quidem typis eundem committendum ſum ratus hac die 30. Augusti 1668.

*Vincentius Viuiani.*

Imprimatur ſeruatis ſeruandis.

*Vinc. de Bardis Vic. Gener. Flor.*

Die 7. Decembris 1668.

D. Franciſcus Redi Conſultor S. Officij Florentię videat, & referat.

*Fr. Iacobus Toſini Vic. Gener. S. Off. Flor.*

Reuerendiſſime Pater.

Doctiſſimi, & experientiſſimi Nicolai Stenonis *De Solido intra Solidum naturaliter contento Diſſertationis*

*nis Prodromum*, ſolida, nobilique doctrina ornatiſſimum vidi, præloque dignum cenſui.

*Franciſcus Redi.*

Stante prædicta atteſtatione imprimatur Florentiæ hac die 13. Decembris 1668.

*Fr. Ioſeph Tamagninus Canc. S. Officij Flor.*

*Gio. Federighi Senatore, e Auditore di S. A. S.*
*e per eſſo Benedetto Gori.*

| Pag. | lin. | Legenda. |
|---|---|---|
| 8. | 22. | quæ aliàs |
| 10. | 27. | moueantur interdum, |
| 13. | 1. | diuersorum, interdum & |
| 14. | 2. | siue |
| 22. | 7. | est. Licet |
| | 4. | dendroitidis. |
| 28. | 25. | iure susp |
| 29. | 6. | e diuersis locis diuerso tempore confluentia. |
| | 18. | superincumbentem |
| 33. | 12. | obtensa |
| | 19. | fissa |
| 39. | 25. | basibus |

| Pag. | lin | Legenda |
|---|---|---|
| 43. | 11. | ab expulsa e retorta materia concretæ, primò recipientis parti superiori intrinsecus adhær- |
| 51. | 19. | obtusi sint. |
| | 21. | *pro ; dictum* : quodlibet, |
| | 22. | *pro ; vni eorum* : illi |
| 51. | 1. | transparens. |
| 53. | 20. | exteriori minimæ testulæ, & ex superf- |
| 62. | 2. | *pro dissuadet* ; suadet |
| 68. | 11. | F, G, I, |

Als Vorlage dieses Faksimiledruckes diente ein Exemplar der Ausgabe von 1669 aus dem wissenschaftlichen Altbestand der Universitätsbibliothek Rostock (Signatur Na-1019), das von dieser freundlicherweise zur Verfügung gestellt wurde.

Der Faksimiledruck ist als erster Band einer zweibändigen Ausgabe im Schuber erschienen. Der zweite Band enthält einen Nachdruck der Mieleitnerschen Übersetzung von „De solido . . .“ sowie einen Essai über Nicolaus Stenonis, der von Eginhard Fabian verfaßt wurde.

ISBN 3-05-500424-8

Erschienen im Akademie-Verlag Berlin,
DDR-1086 Berlin, Leipziger Straße 3–4

Lizenznummer: 202 · 100/444/88
Printed in the German Democratic Republic
Satz: Nationales Druckhaus, VOB National, Berlin
Druck und buchbinderische Weiterverarbeitung:
VEB Druckerei „Thomas Müntzer“,
5820 Bad Langensalza
LSV 1406
Bestellnummer: 763 773 8 (9088/1+2)

# EXPLICATIO FIGVRARVM.

CVm præcipitatæ ſcriptionis breuitas non pauca reliquerit minus clarè expoſita, præſertim vbi de angulatis corporibus, & terræ ſtratis agitur; vt qualecumque remedium iſti malo adhiberem, è plurimis alijs ſelectas ſequentes figuras hìc ſubiungere conſtitui.

Tredecim priores figuræ angulatis cryſtalli corporibus explicandis deſtinatæ, ad duas claſſes reducuntur.

Prima claſſis continet ſeptem differentias plani, in quo eſt axis cryſtalli. In 1. 2. & 3. axes partium vndè componitur cryſtalli corpus, conſtituunt vnam rectam lineam, ſed intermedia columna, quę, in 1. figura deſideratur, in 2. breuior, longior in 3. conſpicitur. In 4. figura, axes partium conſtituentium cryſtalli corpus, non conſtituunt vnam rectam lineam. 5. & 6. figura ex illarum genere ſunt, quas innumeras afferre potui ad euincendum, in plano axis laterum, & numerum, & longitudinem variè mutari non mutatis angulis, & in ipſa media cryſtallo cauitates varias relinqui, & varias lamellas formari. 7. figura in plano axis indicat quomodo ex ſuperimpoſita planis pyramidum noua materia cryſtallina laterum, & numerus, & longitudo variè modò augentur, modò imminuuntur.

Secunda claſſis continet ſex differentias plani baſeos. In 8. 9. 10. & 11. figura ſex tantùm latera numerantur, ea tamen cum differentia vt in 8. figura omnia latera ſint æqualia; in 9. & 11. figura non omnia latera, ſed tantùm oppoſita ſint ęqualia; in 10. figura autem inæqualia ſint oppoſita quælibet latera. In 12. figura planum baſis, quod hexagonum eſſe deberet, duodecim lateribus continetur. 13. figura indicat quomodo, dum planis pyramidum imponitur noua materia cryſtallina, in plano baſis laterum longitudo interdum, & numerus variè mutantur non mutatis angulis.

Sex ſequentes figuræ explicant duo diuerſa genera angulatorum ferri corporum. 14. 15. 16. figura ſeruiunt explicandis illis angulatis ferri corporibus, quæ duodecim planis comprehenduntur: & quidem 14. figura exhibet omnia illa duodecim plana explicata in vnum planum, quorum ſex triangularia ſunt, & polita, reliqua ſex pentagona, & ſtriata. 15. figura eſt planum baſis eiuſdem corporis. 16. figura planum axis eiuſdem corporis.

17. 18. & 19. figura ſeruiunt explicandis lis angulatis ferri corporibus quæ 30. pl comprehenduntur, & quidem 17. figura ex bet omnia illa 30. plana explicata in vnum num è quibus 6. plana pentagona ſunt, & p ta, 12. triangularia itidem polita, 6. trian laria, & ſtriata, 6. quadrilatera oblonga, & lita. 18. figura eſt planum baſis eiuſdem cor ris. 19. figura eſt planum axis eiuſdem poris.

Sex vltimæ figuræ, dum indicant quo m ex præſenti facie Etruriæ colligimus ſex di ctas Etruriæ facies, ſimul ſeruiunt illis fac intelligendis, quæ de ſtratis terræ diximus. neç punctis ſignatę reprę ſentant terræ ſtrata nacea, ita à potiori nominata, licet illis va & argillacea, & lapidea ſtrata immixta ſint: liquæ lineæ ſtrata lapidea repræſentant itide potiori ita dicta, cum interdum intęr illa ſita alia mollioris ſubſtantiæ ſtrata. In ipſa *Diſſe tione* figurarum literas explicaui, quo ordin guræ ſe inuicem excipiunt: hìc breuiter m tionis ordinem recenſebo. Exhibet autem fig 25. planum perpendiculare Etruriæ, quo t pore ſtrata lapidea etiam num integra, & h zonti parallela erant. Figura 24. ingentes c tates, ſiue ignium, ſiue aquarum vi exeſas i ctis ſuperioribus ſtratis. Figura 23. à diſru ſtratis ſuperioribus ortos montes, & valles. gura 22. à mare facta noua ſtrata in dictis v bus. Figura 21. ex nouis ſtratis conſumptam tem inferiorum ſtratorum, intactis ſuperiori 20. figura diſruptis ſuperioribus ſtratis arena productos ibi colles, & valles.

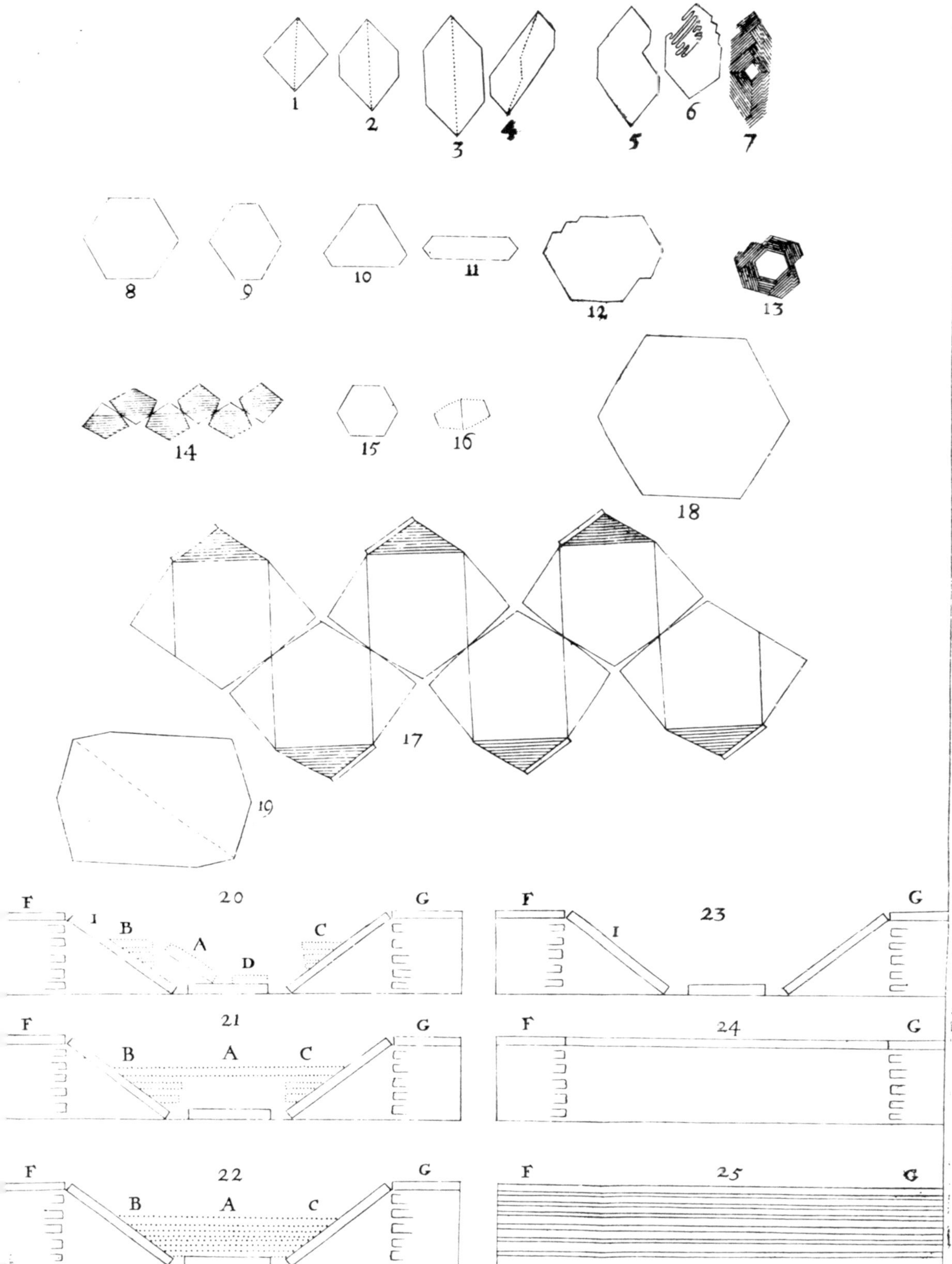

1
2
3
4
5
6
7
8
9
10
11
12
13
14
15
16
18
17
19
F 20 G
I B A C D
F 23 G
I
F 21 G
B A C
F 24 G
F 22 G
B A C
F 25 G

Bei Fragen zur Produktsicherheit wenden Sie sich bitte an:
If you have any questions regarding product safety, please contact:

Walter de Gruyter GmbH
Genthiner Straße 13
10785 Berlin
productsafety@degruyterbrill.com